التحول الرقمى و البنية المؤسسية

Digital Transformation
And
Enterprise Architecture

إعداد

خالد عبدالفتاح يوسف

إهداء

إلى الأساتذة و القادة الذين أثروا فى مسار حياتى العلمية و العملية.
إلى الزملاء و الأصدقاء الذين كانوا خير دعم و تأييد فى الطريق.

جدول المحتويات

الفصل الأول: مقدمة فى فلسفة إدارة تكنولوجيا المعلومات

➢ الفلسفة نظريات ومعايير وإطارات عمل قابلة للتطبيق عمليا في كل المؤسسات والهيئات الصناعية.

➢ فلسفة إدارة تعنى أن تنتخب الأنسب والأكثر قابلية للتطبيق بسهولة وسرعة وفعالية بدون معوقات أو تحديات.

➢ تعتمد فلسفة إدارة تكنولوجيا المعلومات على قواعد أساسية ذات دعائم قوية تبنى إطارات العمل التخصصية الكاملة.

➢ غرض الفلسفة أن تتكامل جميع العناصر بروابط محددة تؤدى إلى بناء موحد هدفه تصميم وإدارة ودعم وتطوير خدمات تكنولوجيا المعلومات في المؤسسة.

➢ لكى نبسط الأمور يجب أن نبدأ بتعريفات المصطلحات الأساسية للموضوع وعلى رأسها كلمات العنوان نفسه الذى سنبدأ تبسيط تعريف كلماته من الآخر للأول.

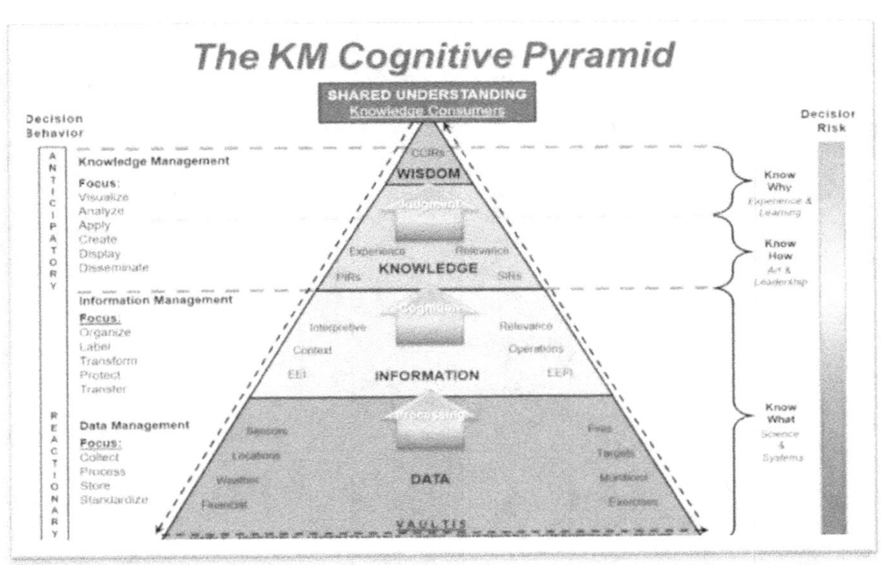

الشكل رقم (1) البناء الهرمى من البيانات إلى الحكمة\الفلسفة.

المعلومات (منتجات ذات وظائف مفيدة بدون مخاطر)

- النموذج الهرمى للحكمة \ أو الفلسفة تبدأ قاعدته فوق الأرض بالبيانات أو مستوى قواعد البيانات ثم المعلومات ثم المعرفة ثم الحكمة \ الفلسفة.

- المعلومات أول منتج مفيد للمستخدم تم إعداده من مواد خام أولية هي البيانات و إضافات أساسية محددة و أخرى ثانوية مثل مكسبات الطعم و الرائحة و اللون.

- معالجة البيانات تستخدم آليات معينة مناسبة للأغراض المتعددة لمستخدميها ولمنتجيها و بائعيها و مروجيها.

- البيانات نفسها منتجات أجهزة وعمليات قياس ورصد و تحليل يطلبها و يصممها و يستخدمها و يرسلها و يستقبلها بشر لأغراض متعددة.

- المعلومات نتاج معالجة بيانات بالتحليل والمقارنة والإستنتاج والاستنباط و التوظيف لأغراض التحكم والسيطرة وصنع ودعم إتخاذ القرار.

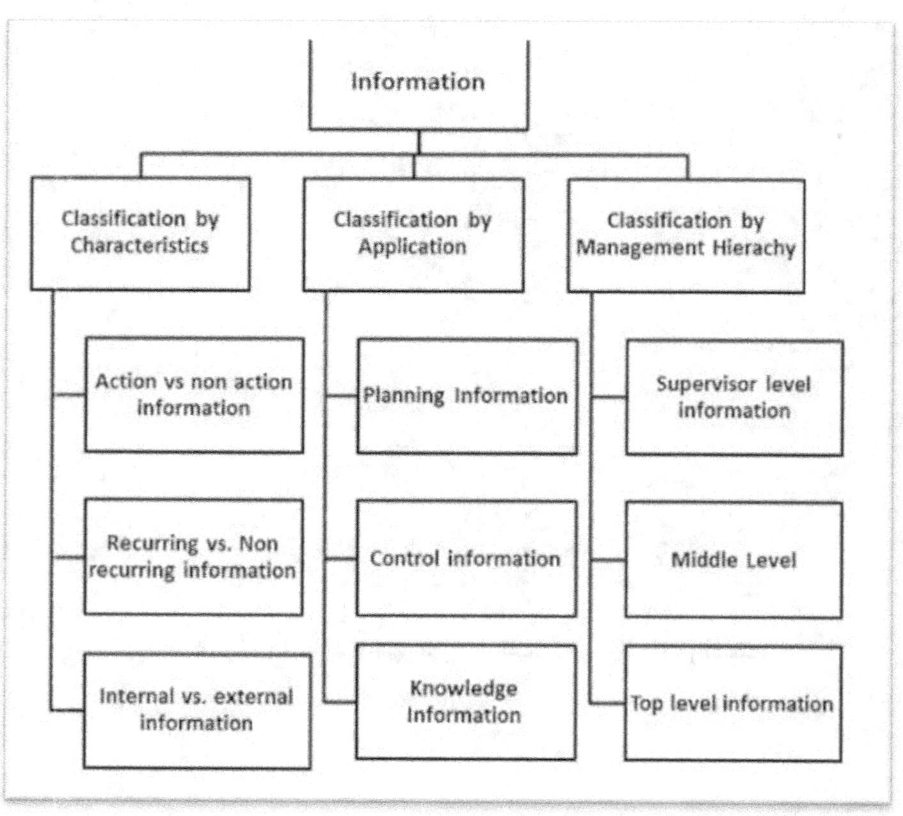

الشكل رقم (2) مخطط تصنيف المعلومات.

التكنولوجيا (بناء محكم مثالي التصميم)

- التكنولوجيا هى جميع الأصول الثابتة بدءا من البنية التحتية تحت الأرض أو فوق الأرض وصولا لأعلى قمة الهرم وتشمل هذه الأصول عناصر متعددة يجب أن تتكامل لصالح البناء كله.

- تتعدد التكنولوجيا المصغرة وظيفيا لأداء مهام محددة إحترافيا بدقة ويعتبر كل منها نظام أولى متكامل يتكون من أجزاء أساسية مرئية و خفية تؤثر علي سعره و وظيفته وأداءه و جودة خدماته للمستخدم.

- بصرف النظر عن مزايا شهوة إقتناء التكنولوجيا الأحدث سنجد أن تكنولوجيا المعلومات الإحترافية متعددة منها ما هو هاردوير أو عتاد صلب معروف مرئى للعامة و منها السوفت وير أو البرمجيات التي قد لا يراها و لا يعرفها غير العاملين المتخصصين.

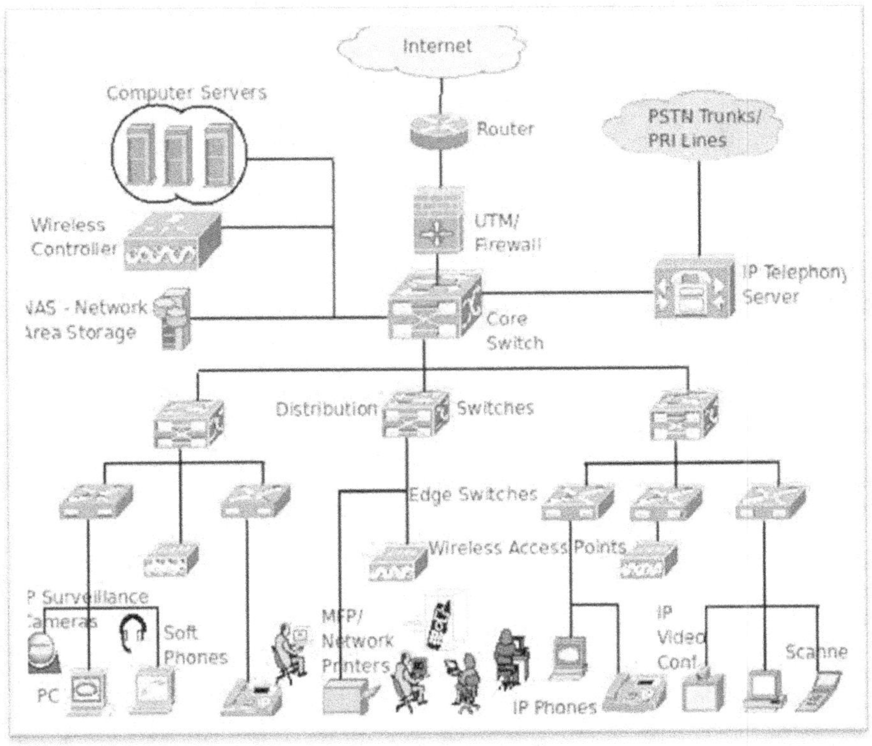

الشكل رقم (3) مثال لمخطط عناصر تكنولوجيا المعلومات

عناصر نظام المعلومات الرئيسية

- ⮞ الشبكات و تشمل الكابلات والسويتشات و الموجهات (الراوترز) و الهوائيات.

- ⮞ الأجهزة والملحقات والخوادم و تشمل الحاسب الآلى و المحمول و التابلت و التليفونات الأرضية و اللاسلكية و الطابعة و شاشات العرض بأنواعها و الماسح الضوئى و الكاميرات و فلاشات تخزين المعلومات.

- ⮞ البرمجيات بأنواعها وتشمل تكنولوجيا التشغيل و برامج النشر المكتبى و برامج مكافحة الفيروسات و برامج تطبيقات مهام التواصل و التدوين و التحرير و الإنتاج المرئى و المسموع و التجارة و التسويق و الأمن و المراقبة و التحكم و التشغيل و التصنيع و غيرها من المهام الإلكترونية.

- ⮞ تقنيات الأمن السيبرانى و الحماية و منع الإختراق و تقنيات التخزين و النسخ الإحتياطى و استعادة المعلومات بعد الكوارث.

الخدمات (تحقيق القيمة المضافة للفرد و المؤسسة)

- ⮞ الخدمة وسيلة لتقديم القيمة للعملاء من خلال تسهيل النتائج التى يريدون تحقيقها دون تحمل تكاليف ومخاطر محددة.

- ⮞ الخدمات تعنى تلبية جميع احتياجات العاملين التخصصية المهنية و الشخصية فى الإدارات المختلفة.

- ⮞ الخدمات تضمن إتاحة جميع الأجهزة و الملحقات و الآليات و البرمجيات و التطبيقات المناسبة لحاجة العمل لضمان أعلى معدلات الأداء بإجراءات الدعم الفنى و الصيانة الإصلاحية و الوقائية.

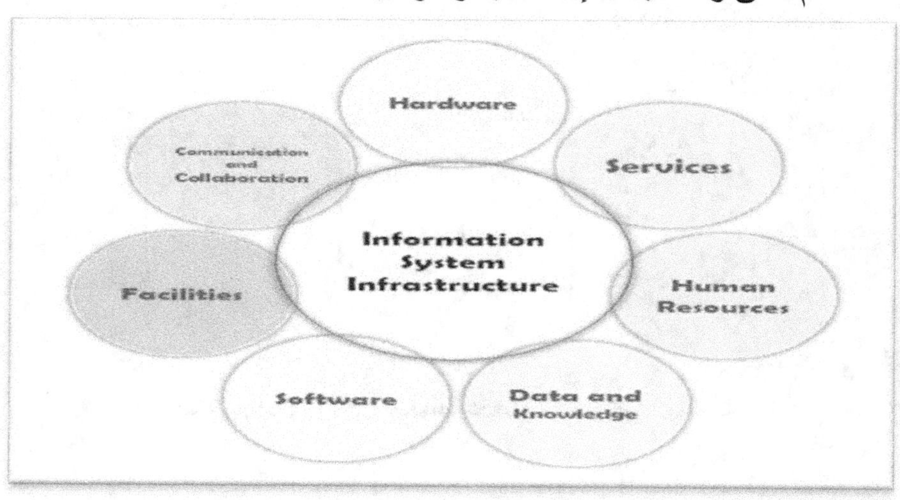

الشكل رقم(4) خدمات تكنولوجيا المعلومات فى المؤسسة

الإدارة (هيكل تنظيمى تنفيذى)

- الإدارة فن وضع السياسات و القوانين المتكنولوجياة لإجراءات توفير الخدمات و التسهيلات و المزايا للمستخدمين فى المؤسسة.
- الإدارة صياغة مخططات تدفق البيانات و المعلومات بين التكنولوجيا و الكيانات المستفيدة و وضع أسس العلاقات بينها تكامليا لتحقيق الأهداف و الإستراتيجيات بعد وضعها بعناية فائقة وفقا للتوجهات العليا للمؤسسة.
- مهام الإدارة تلبية احتياجات التصميمات و التركيبات و الصيانات و الدعم الفنى و الخدمات الفنية التخصصية.
- يتحدد الهيكل التنظيمى للإدارة حسب حجم المؤسسة و عدد الإدارات أو الكيانات المستفيدة.
- الهيكل التنظيمى النموزجى يتكون من مدير عام و 3 قطاعات كل منها من إدارتين و كل إدارة من قسمين و كل قسم وحدتين.

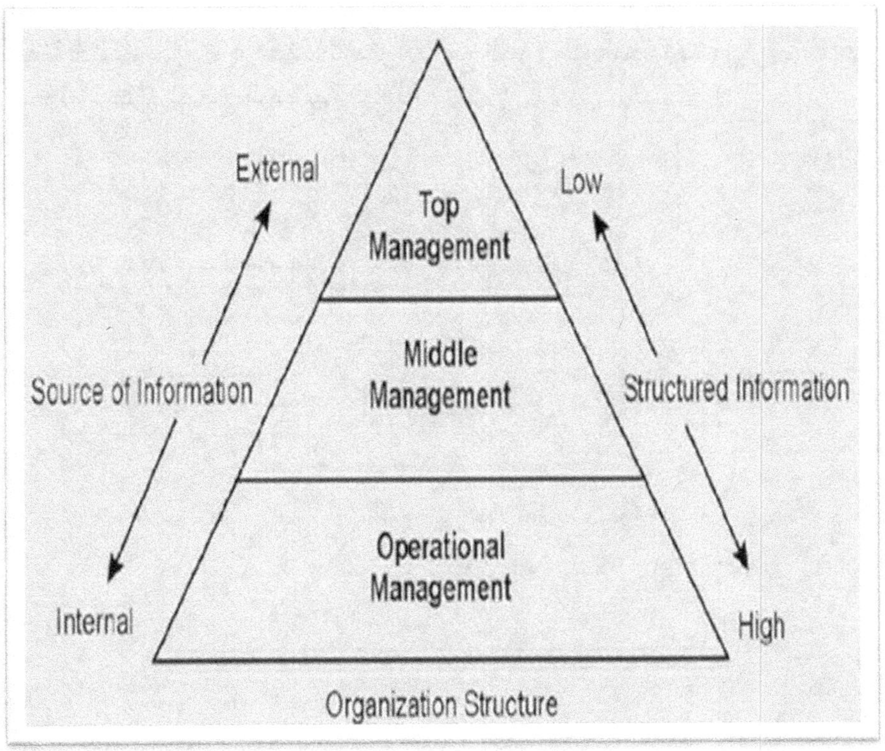

الشكل رقم (5) الهرم الإدارى التنظيمى و مسار المعلومات.

الإدارة و القيادة

يقدم الشكل رقم (6) مثالا عن العلاقة بين الحوكمة (القيادة و التوجيه واقعيا) و يمثلها رئيس مجلس الإدارة وإدارة تكنولوجيا المعلومات وقطاع إدارة نظام الخدمات.

رئيس مجلس الإدارة.

يعتمد استراتيجية الشركة وخطط العمل و يحدد سياسات الشركة ويأمربتفعيل إجراءات التوجه الاستراتيجي وتحقيق الأهداف وعوامل النجاح الحاسمة فى مجالات تحقيق الغايات و النتائج الرئيسية.

مدير عام تكنولوجيا المعلومات.

يضع وينفذ سياسة تكنولوجيا المعلومات ومعاييرها ومبادئها، ويضمن مواءمة استراتيجية تكنولوجيا المعلومات مع استراتيجية أعمال الشركة.

مدير قطاع خدمات تكنولوجيا المعلومات.

يشارك فى وضع وتنفيذ استراتيجية تكنولوجيا المعلومات ويصمم و ينفذ العمليات لضمان توفير خدمات متوافقة مع الشروط والسياسات بإجراءات عالية الجودة تحقق النتائج الرئيسية الفعالة.

الشكل رقم (6) يوضح العلاقة بين قيادة الشركة و إدارة تكنولوجيا المعلومات.

ITIL® V3 FOUNDATION CERTIFICATION E-LEARNING COURSE.

العملية

هى مجموعة من الأنشطة المصممة لتحقيق هدف محدد تأخذ العملية مدخلات محددة وتحولها إلى مخرجات محددة وقد تتضمن العملية الأدوار والمسؤوليات والأدوات والضوابط الإدارية اللازمة لتحقيق المخرجات.

خصائص العملية

- ⮞ قابلة للقياس.
- ⮞ تحقق نتيجة محددة.
- ⮞ يتم تسليم النتيجة الأولية للعملاء أو أصحاب المصلحة.
- ⮞ تستجيب لأحداث محددة مثل المحفزات أو مخرجات عملية أخرى.

مالك العملية

- ⮞ المساعدة في تصميم العملية و توثيقها.
- ⮞ التأكد من تنفيذ العملية كما هو موثق فى تعليمات التنفيذ.
- ⮞ التأكد من أن العملية حققت النتائج التي تهدف إليها.
- ⮞ مراقبة العملية و تسجيل الملاحظات ومتطلبات التحسين مع مرور الوقت.

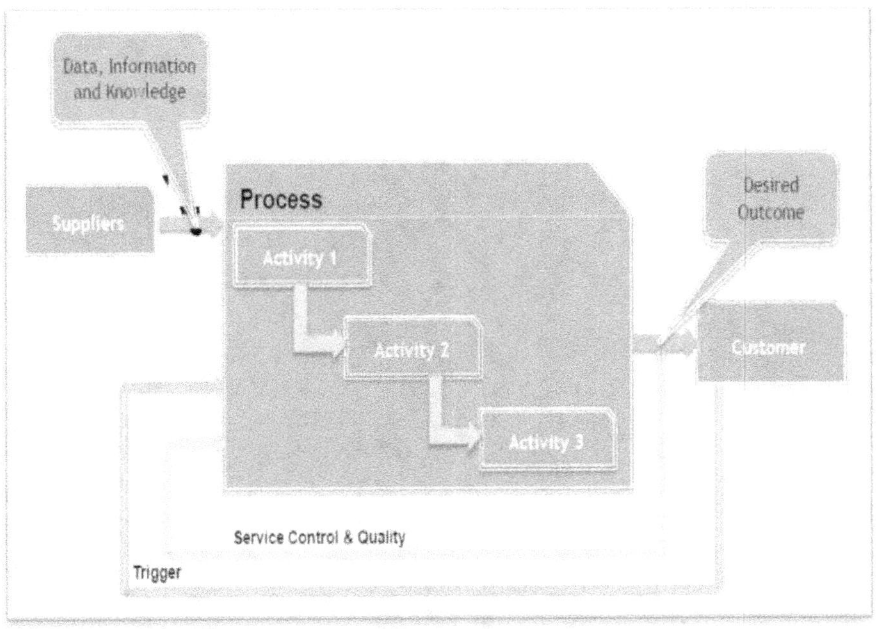

الشكل رقم(7) يبين توضيح مبسط لمفهوم العملية فى نظام الخدمة.

ITIL® V3 FOUNDATION CERTIFICATION E-LEARNING COURSE.

الوظيفة

الوظيفة إسم يطلق على شخص يقود فريق أو مجموعة من الأشخاص لديهم الأدوات التي يستخدمونها لتنفيذ واحدة من العمليات أو الأنشطة الهامة فى نظام إدارة الخدمة وفقا للهيكل التنظيمى الذى تحدده كل مؤسسة وفقا لمعايير خاصة.

خريطة توزيع الوظائف

تعتمد خرائط الوظائف و المهام و المسئوليات على عوامل كثيرة سيرد ذكرها فى سياق نماذج الإدارة التى تحددها رؤية المؤسسة و حجم الأعمال و المخططات والإستراتيجية و غير ذلك من المحددات الفنية و المالية. الشكل رقم(8) يبين الوظائف الرئيسية فى نظام إدارة الخدمة.

- ➢ الإدارة التكنولوجية.
- ➢ إدارة تشغيل عمليات تكنولوجيا المعلومات.
- ➢ إدارة التحكم و التسهيلات.
- ➢ إدارة التطبيقات.
- ➢ إدارة العلاقات المالية
- ➢ إدارة الموارد البشرية.
- ➢ إدارة الأعمال.

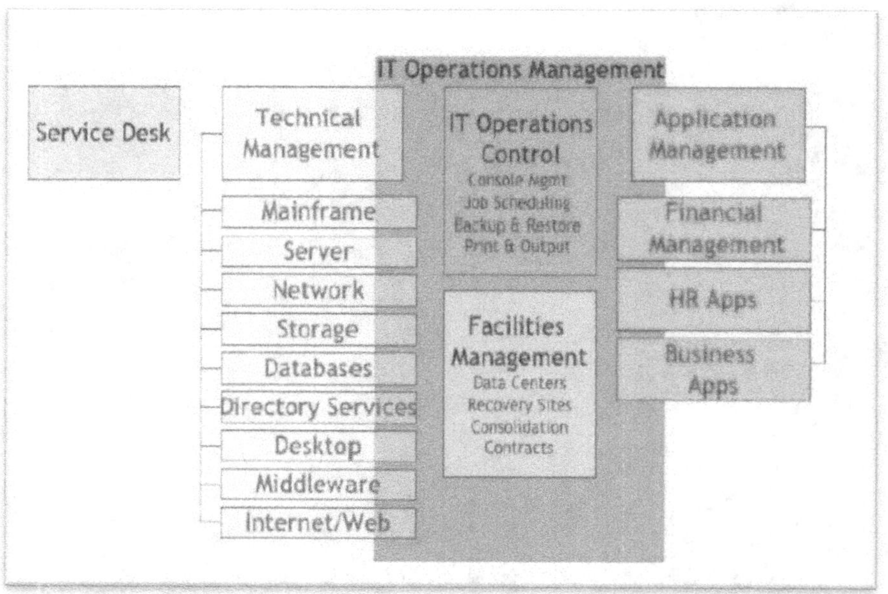

الشكل رقم(8) يبين الوظائف الرئيسية فى نظام إدارة الخدمة.

ITIL® V3 FOUNDATION CERTIFICATION E-LEARNING COURSE.

نماذج الإدارة

- عمليات إدارة خدمات تكنولوجيا المعلومات يتم فهمها بشكل أفضل وفقا لمفاهيم سياق المنظومات و الإلتزام بمعيار الأيزو 20000 وعلاقته بجودة الخدمات التي أثرت في تطوير نماذج الإدارة .

- أظهرت تجارب قياس جودة خدمات تكنولوجيا المعلومات أنها نادراً ما تكون كافية للمطابقة و تتطلب إعادة هيكلة وتجديد الممارسات الجارية.

- أسباب عدم التطابق غالبًا ما ترتبط بالطريقة التي تتم بها هيكلة إدارة تكنولوجيا تكنولوجيا المعلومات.

- يتطلب الأمر أولا إجراء التحسين الدائم لجودة نموذج العملية الإدارية نفسها و وصولها إلى درجة متقدمة من النضج التنظيمى.

نموذج تنظيمى:- EFQM

يوضح الشكل رقم (9) نموذج (EFQM) المؤسسة الأوروبية لإدارة الجودة.

- يحدد النموذج مدى أهمية عناصر المؤسسة والمجالات الرئيسية التي يجب مراعاتها عند إدارة نظام الخدمة.

- يحدد النموذج عناصر المؤسسة: القيادة و الاستراتيجية والسياسات و الشركاء و الموارد.

- هذه العناصر تدعم تخطيط العمليات كى تؤدي إلى النتائج المرجوة.

- نتائج مخططات العمليات تظهر على البشر(العاملين) و العملاء و المجتمع.

- يتم قياس نتائج تقييم الأداء فى المرحلة الختامية للدورة التنظيمية.

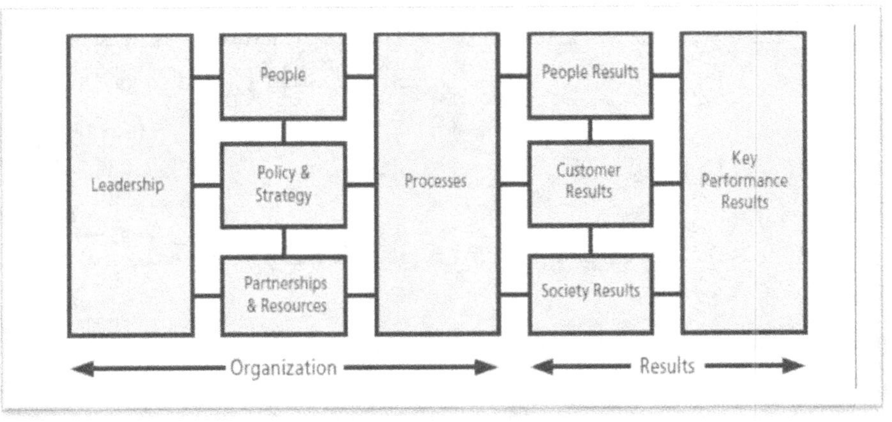

الشكل رقم (9) يوضح نموذج تنظيمى من مؤسسة EFQM

IT Service Management, an introduction based on ITIL-2004

نموذج النضج التنظيمى

تهتم مؤسسات الجودة بوضع تصورات لنماذج النضج التنظيمى و منها نموذج EFQM الذى يوضح مراحل الوصول إلى أعلى نتائج مؤشرات أداء على مراحل.

التركيز على المنتج

المعروفة أيضًا باسم التركيز على المخرجات (المنتجات و الخدمات).

التركيز على العمليات

والمعروفة أيضًا باسم نحن نعرف أعمالنا أداء المؤسسة مخطط وقابل للتكرار.

التركيز على النظام

التنسيق والتعاون بين الإدارات أو الأقسام الفرعية لعمل مشترك تكاملى.

التركيز على السلسلة

المعروفة أيضًا باسم الشراكة الخارجية تركز المؤسسة على القيمة من توطيد العلاقة مع الموردين والعملاء.

التركيز على الجودة الشاملة

وصلت المؤسسة إلى مرحلة التركيز المتوازن على التحسين المستمر.

نموذج تنظيمى :- مستويات نضج القدرة (CMM)

يتكون هذا النموذج الموضح بالشكل رقم (11) من المراحل التالية:-

أولية :-

تحدث العمليات بشكل تخصصى (مثل أعمال التركيبات).

متكررة:-

يتم فيها تصميم العمليات بحيث تكون جودة الخدمة مضمونة و قابلة للتكرار و تعزز ثقة المنفذين و العملاء بالعمل و جودته.

محددة:-

يتم توثيق العمليات وتوحيدها وتكاملها فى العمليات عالية المستوى.

مدارة:-

تقيس المؤسسة النتائج وتستخدمها بوعي لتحسين جودة خدماتها.

متحسنة:-

تقوم المؤسسة بوعي بتحسين تصميم عملياتها لتحسين جودة خدماتها أو تطوير تكنولوجيا أو خدمات جديدة.

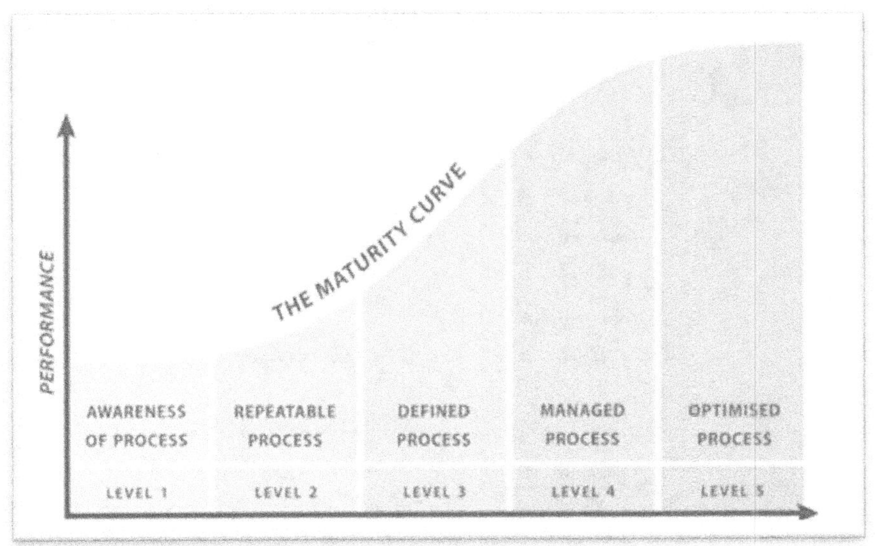

الشكل رقم (10) يوضح منحنى نضج العملية الإدارية.

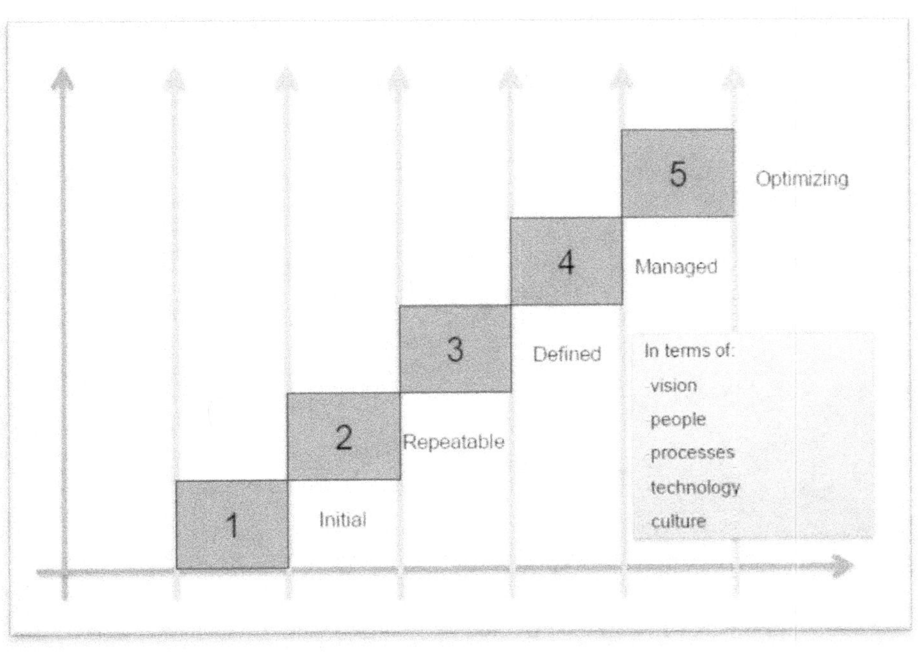

الشكل رقم(11) يوضح مستويات نموذج نضج القدرة

11

مصادرتطوير مستوى نضج الإدارة

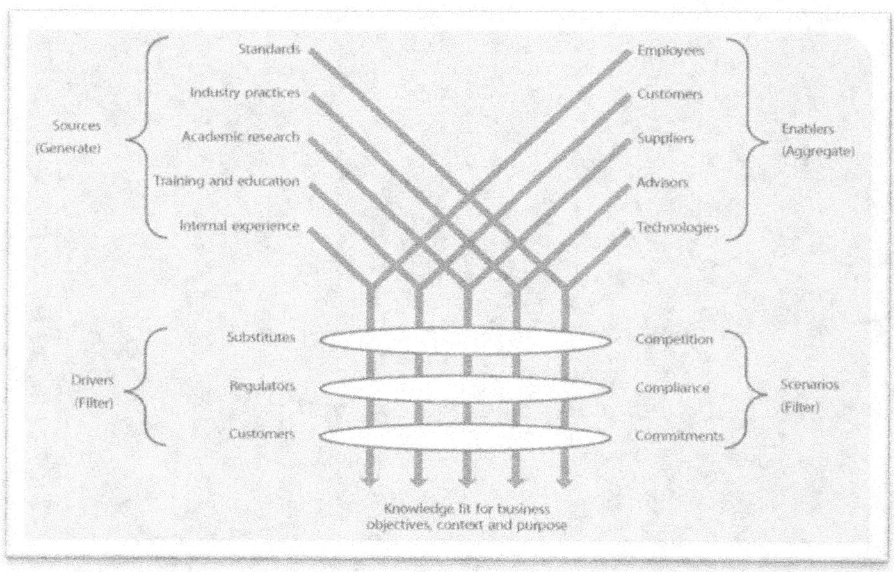

الشكل رقم(12) يوضح مصادر تطويرمستويات نضج الإدارة.

IT Service Management based on ITIL-Ing. Aleš Studený.

نموذج تطور مستويات نضج الإدارة

يوضح الشكل رقم(13) نموذج تطور مستويات نضج إدارة تكنولوجيا المعلومات.

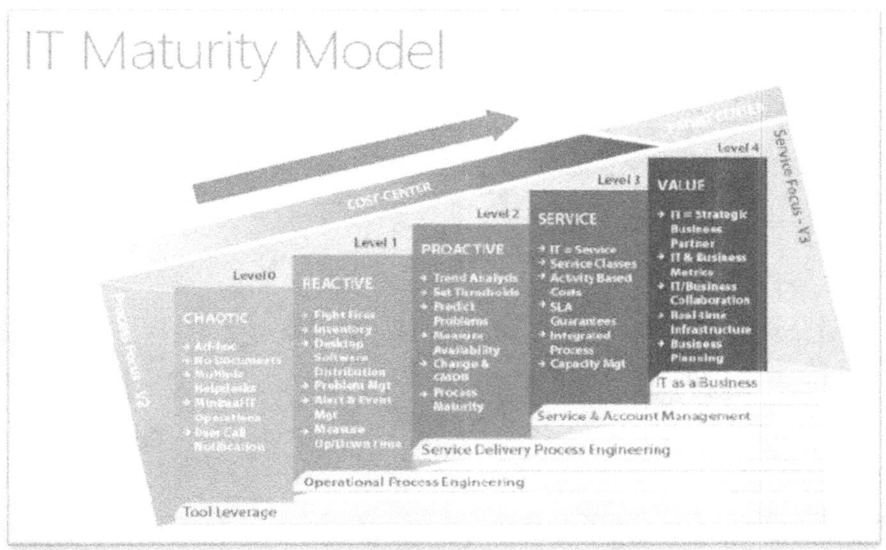

الشكل رقم(13) نموذج إرتقاء مستويات النضج التنظيمى.

IT Service Management based on ITIL-Ing. Aleš Studený.

المستوى صفر (فوضوى)(نفوذ الفنيين).

يسمى أيضا مستوى نفوذ عدة الشغل.

أعمال حسب الغرض و بدون توثيق و نتائج غير قابلة للتوقع و تعدد مكاتب المساعدة و الحد الأدنى من أعمال تكنولوجيا المعلومات و كثرة مكالمات ملاحظات المستخدمين و انتقادتهم.

المستوى الأول (ردالفعل)(تفوق مهندسى العمليات التشغيلية).

العمل بنظام إطفاء الحرائق عند الإبلاغ, تخزين أدوات و أجهزة لحين الحاجة و الاهتمام بتوزيع برمجيات الحواسب المكتبية و تفعيل عملية إدارة المشكلات و الإنزارات و التحذيرات و العتاد و المكونات فى الطالع و النازل.

المستوى الثانى (تفاعلى) بدءالإهتمام بعمليات تقديم الخدمة.

بدء تفعيل تحليل الترندات و عمل مجموعات الحالات الحرجة و العتبات وتوقع المشكلات و قياس توفر الخدمات و التطبيقات و تطوير الميكنة و الأتمتة عمليات واعدة على مستوي إدارات الأصول والكونفجيوريشن و التغيير و الأداء.

المستوى الثالث (الخدمة أولا) إدارة المحاسبة و الخدمات.

إعتبار تكنولوجيا المعلومات خدمة و تحديد جيد للخدمات ومستوياتها و الأسعارو التكاليف و ضمانات مستوى الخدمة و إهتمام بالغ بقياسات و تقارير مستوى توفر الخدمة و الإهتمام بتكامل العمليات و إدارة السعة\القدرة.
المستوى الرابع(القيمة) إعتبار تكنولوجيا المعلومات بيزنس.

إدارة بناء مؤسسى و الإهتمام بتحديثات تصنيعية تكنولوجيا المعلومات والإهتمام بربط القياسات والمؤشرات بالبيزنس التكنولوجى و تحسينات عمليات التعاون التكنولوجى العملى و تخطيط الأعمال.

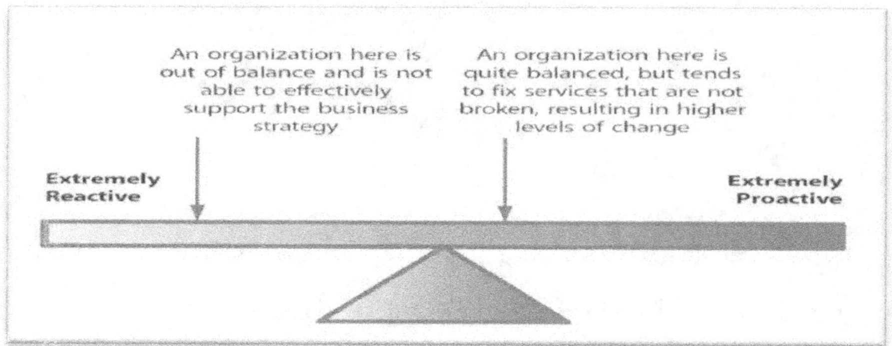

الشكل رقم(14) ضرورة التوازن بين مستوى ردالفعل و التفاعل

نموذج التشغيل من أيتل4

- أطلقت أيتل4 نموذج التشغيل (التوجيه والتخطيط والتحسين).
- نموذج يحدد كيفية تخليق القيمة تشاركيا بين المؤسسة وعملائها وأصحاب المصلحة.
- يوضح الشكل رقم(15) لوحة نموذج التشغيل و يتوسطها مسار سلسلة تقديم الخدمة بين العناصر الأربعة الموردين و المواضع و المؤسسة و المعلومات يحملها نظام الإدارة.
- نموذج التشغيل سلسلة من الممارسات تحدد قدرة المؤسسة على تحقيق أهدافها ونتائجها.
- يحدد نموذج التشغيل كيفية تحقيق القيمة المحددة التى عرضتها المؤسسة.
- جميع الاختيارات والممارسات تعمل معًا في طريقة موحدة متكاملة وفقا للمخططات.
- مقترحات القيمة التى تطرحها المؤسسة هي التي تقود نموذج التشغيل و مسارات القيمة تتيح تخليق القيمة المحددة في نموذج الأعمال.

تعريف نموذج التشغيل

هو أداة تستخدم لتسهيل تصميم و تكوين \اكونفجيوريشن النظام اللازم التنفيذ عمليات المؤسسة و التمكين من تخليق القيمة الموضحة في نموذج الأعمال.

أهداف نموذج التشغيل

- العمل الرئيسي الذى يجرى تنفيذه و يمر في مركزه مسارات سلسلة القيمة.
- توضيح العمل الرئيسي الذي يتعين القيام بها لتقديم القيمة المقترحة للمستهلكين المستهدفين.
- السياق المركزى الذي سيتم فيه تنفيذ مسارات القيمة.

سلسلة تقديم القيمة

- سلسلة من الممارسات والاختيارات والتفاعل بينهما يحدد قدرة المؤسسة على تحقيق أهدافها ونتائجها وكيفية تحقيق القيمة المحددة التى عرضتها وكيف ستحتفظ بمكانتها فى المجال.
- ويضمن نموذج التشغيل أن جميع هذه الاختيارات والممارسات تعمل معًا في طريقة موحدة متكاملة.
- مقترحات القيمة التى تطرحها المؤسسة هي التي تقود نموذج التشغيل و مسارات القيمة تتيح تخليق القيمة المحددة في نموذج الأعمال.

مزايا نموذج تشغيل أيتل4

- تحديد كيفية تخليق القيمة.
- تحديد مسارات القيمة وكيفية إدارتها وتحديد أدوار الأشخاص والعمليات والتكنولوجيا في تلك المسارات نحو القيمة.
- تحديد أى الشركاء الذين ستعمل معهم المؤسسة وما دورهم و ما هي العقود المعمول بها فى هذا الشأن.
- إبراز أهمية الثقافة وتحديد سبل تعزيزو ترويج نوع الثقافة المطلوبة لتحقيق هدف المؤسسة.
- التعرف على العملاء و المستهلكين وأدوارهم في مسارات القيمة بما فى ذلك أى المنتجات والخدمات التي يستهلكونها وما هي العوامل المؤثرة على هذا الاستهلاك.
- تقديم محفظة خدمات تشمل مجموعات و فئات المشاريع والخدمات والمنتجات تتضمن كافة المعلومات عن الاستثمارات المطلوبة للحفاظ عليها.

سياق سلسلة تقديم الخدمة

- كيف سيتم إشراك الشركاء والموردين في مسارات القيمة وخلق القيمة.
- أين سيتم تحديد مواضع أعمال مسارات القيمة، و ما هي الأصول اللازمة في تلك المواضع لأداء العمل.
- الهيكل التنظيمي ومجموعات المهارات وهياكل القرار و العمليات المطلوبة للقيام بأعمال مسارات القيمة.
- البرمجيات و التطبيقات و غيرها من خدمات التكنولوجيا والمعلومات اللازمة لأداء أعمال مسارات القيمة .
- كيف سيتم تحديد الأهداف و يتم قياس الأداء للتأكد من أن مسارات القيمة تعمل على النحو الأمثل.

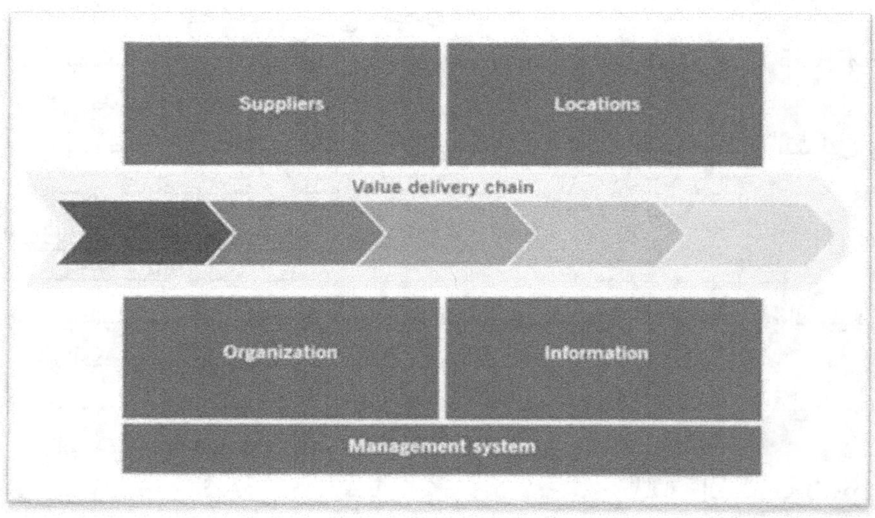

الشكل رقم (15) يوضح لوحة نموذج التشغيل فى أيتل4.

ITIL 4: Digital and IT Strategy-AXELOS Limited 202

الفصل الثانى: الفلسفة (الإستراتيجية)

فلسفة الإستراتيجية

- الفلسفة مجلد يضم ملفات تصاغ بإيجاز و إحكام لرسم خرائط الطريق.
- تحتوى الملفات على مخططات الأهداف الحقيقية الواضحة المعالم بدون مبالغات و شعارات و مقتنيات جوفاء.
- يجب أن تكون الأهداف قابلة للتطبيق و القياس و التحليل والمراجعة و التصحيح باجراءات تنفذها المؤسسات و الإدارات و التكنولوجيا المختلفة وفقا للمتاح و المقبول من إمكانيات و موارد و وسائل و ثروات و موازنات.
- المعايير الدولية الخاصة بإدارة خدمات تكنولوجيا المعلومات مثل الأيزو 20000 و الأيتل الإصدار الأمثل مصادر أساسية هامة لوضع و صياغة هذه الفلسفة.
- وفقا للدراسات التي أجريت في هذا الموضوع بصرف النظر عن التفاصيل الفنية و الصناعية و الإدارية تبين أن عوامل النجاح تكمن فى وضع الإستراتيجية.

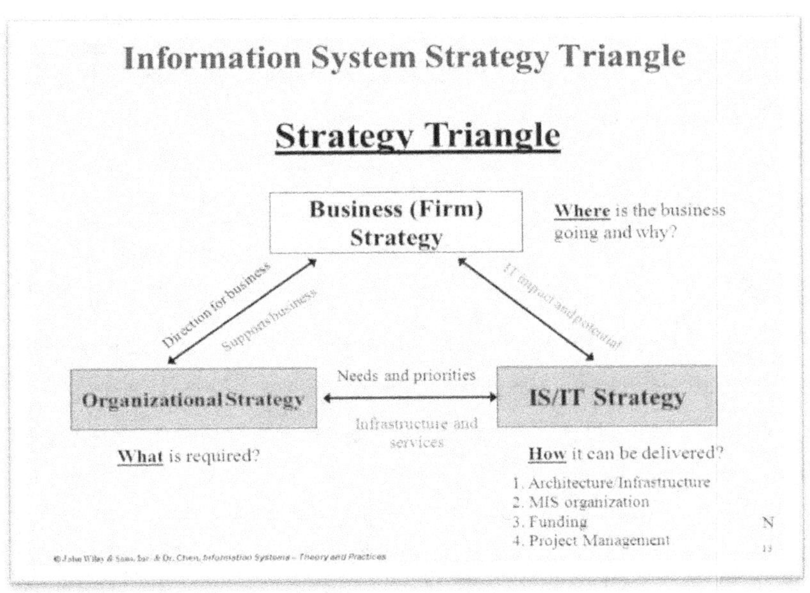

الشكل رقم(16) مثال لمثلث مفهوم الاستراتيجية.

عناصر إدارة الإستراتيجية

- إدارة القدرات التخصصية والثقافة الفردية والجماعية في الهياكل التنظيمية.
- إدارة الموازنات والمخصصات المالية التقديرية والإستثمارية ودراسات الجدوى والعائد على الاستثمار.
- إدارة المعرفة واكتساب الخبرات والتدريب.
- إدارة الجودة وآليات القياس والرصد والتحليل والتطوير.
- إدارة المخاطر والتهديدات والكوارث.

مصادر الدعم و التطوير

- جهات التفتيش و المراجعة الداخلية والخارجية طبقا للمعايير العالمية.
- جهات التدريب التخصصى و نقل الخبرات الداخلية و الخارجية .
- آليات التقييم و التحفيز العليا والدعم المعنوى والمادى و تعظيم الثقة في الكفاءة العملية.
- ثقافة المؤسسة التي ترعى النجاح و تدعم الناجحين خاصة إذا كان أن موفرى الخدمات و العملاء يعملون داخل نفس المؤسسة.
- العملاء خارجيين كما هو الوضع فى حالة المشروعات السيادية أو تصدير الخبرات أو التعاون المشترك بين المؤسسات.

دورة عمل الإستراتيجية

- تتم دورة إجتماعات مناقشة المخططات الاستراتيجية بين قيادة المؤسسة و الإدارات العليا بغرض فهم أفضل للظروف و العوامل المحيطة بالأعمال وفقا للوعى بالموقف الإستراتيجى.
- كما هو موضح في الشكل (17) يتم الإجابة على الأسئلة "أين" و "الماذا" فتوضع الإجراءات التي توفر بعد ذلك إجابات "ماذا"، و "متى" لمرحلة إتخاذ القرارات. يتم الوصول لمرحلة تحديد الفعل "من"، و"كيف"، و عندئذ يمكن استخدام هذه الإجابات لتزويد المؤسسة بخريطة استراتيجية.
- نماذج جدوى تطوير و رفع مستوى تكنولوجيا المعلومات تفرضها جودة الأعمال والتشغيل و تؤثر على توجهات وضع الاستراتيجية.
- المؤسسة تضع قراراتها الإستراتيجية بشكل أفضل عندما تقترن بفهم علاقة المنتجات والخدمات بنمو دورها عند المستخدمين ويمكنها أيضًا التنبؤ بتأثير التطوير على أعمال إدارات المؤسسة المستفيدة من الخدمات.

عوامل دورة الإستراتيجية

تأخذ دورة عمل الاستراتيجية في الاعتبار العوامل الخمسة التالية:ـ

الغرض:ـ نطاق ما تفعله المؤسسة و لماذا.

المشهد البيئي:ـ البيئة التي تتنافس فيها المؤسسة(أين؟).

المناخ:ـ القوى المؤثرة على البيئة (متى؟).

العقيدة:ـ مجموعة المبادئ التوجيهية داخل المؤسسة(ماذا؟).

القيادة:ـ الخاصة بالسياق و يتم اختيارها بعد النظر في العوامل أعلاه(من و كيف).

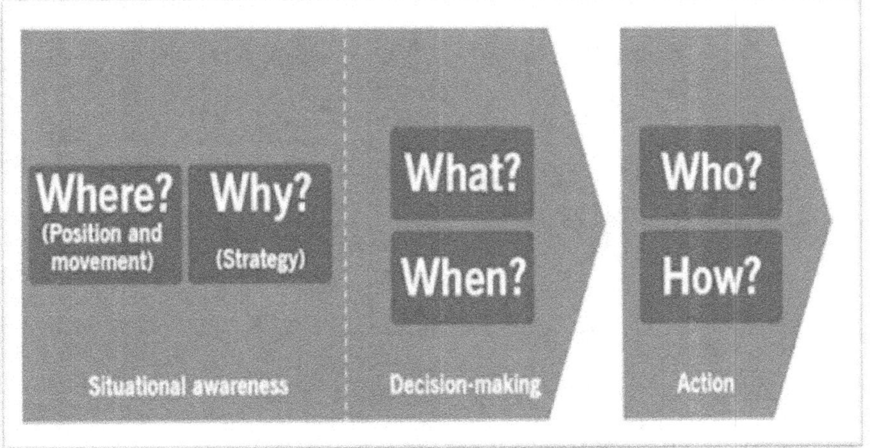

الشكل رقم (17) يوضح دورة الإستراتيجية بدءا من تحليل الموقف.

ITIL 4: Digital and IT Strategy-AXELOS Limited 2020

أخطاء عمل الإستراتيجية

- تجاهل المكونات القديمة والتركيز على المكونات الجديدة .
- ترك العمل المعتاد القديم و أفراده والأتكنولوجياة القديمة ونادرًا ما يتم تحديثها.
- ترك وظائف أتكنولوجياة تكنولوجيا المعلومات من دون تحديث أو استحداث أو تدريب أو إدارة معرفة.
- عدم التكامل بين تكنولوجيا تكنولوجيا متعددة وكل منها تم تنفيذه بمبادرات استراتيجية سابقة فى ظروف خاصة.
- ممارسات التكنولوجيا والإدارة بأفكار قديمة.
- الافتقار إلى الثفافية في التكاليف.

مستويات الإستراتيجية

- تحدد الهيئة الإدارية للمؤسسة الاتجاه الذي يجب أن تسلكه و السياسات التي تبين كيفية تحقيق الاستراتيجية.

- يحدد المديرون على جميع المستويات كيفية تنفيذ المهام الاستراتيجية والامتثال للسياسات وتحقيق أهداف الهيئة الإدارية.

- تعتمد العديد من مناهج الإستراتيجية الرقمية فى بعض المؤسسات على نموذج من طبقات أو مستويات متداخلة.

- الشكل رقم(18) يبين أن المؤسسة تضع الإستراتيجية الرئيسية "إستراتيجية العمل أو البيزنس" أو إستراتيجية المؤسسة.

- الاستراتيجية الرقمية هي مجموعة فرعية منها و تنطبق على نطاقات العمل التي ستتأثر بالتكنولوجيا الرقمية .

- استراتيجية تكنولوجيا المعلومات منفصلة ولكنها متداخلة مع الاستراتيجية الرقمية وتدعم مشاريع التمكين أو التحول الرقمى وتدعم الأعمال المنشأة فى المؤسسة.

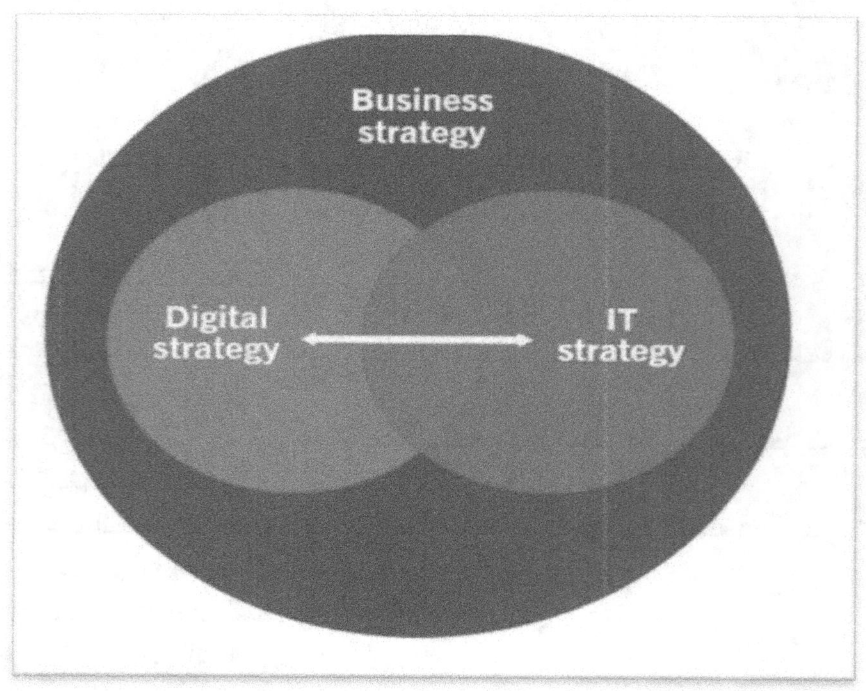

الشكل رقم (18) يوضح تصور مستويات الإستراتيحية.

استراتيجية العمل

- استراتيجية العمل تحدد كيف تحقق المؤسسة غاياتها, وكل مؤسسة لها أسلوبها فى وضع استراتيجية العمل.
- يتم تمريرمجموعة رسمية من الوثائق وبعض الطرق الأقل رسمية فى التواصل و المناقشات و تحديد معايير اتخاذ القرار.
- طبيعة العلاقات بين القيادة والمديرين التنفيذيين تحدد كيفية مراقبة وتنفيذ استراتيجية الأعمال و المتطلبات التنظيمية اللازمة.
- نجاح المؤسسة يعتمد على استراتيجية مترابطة ومتماسكة ومعلنة.

موضوعات استراتيجية العمل

- طريقة تحديد وصقل وإيصال رؤية المؤسسة.
- طريقة تحديد الأهداف و نموذج الأعمال.
- وسيلة توافق عناصر النظام المختلفة (الإدارات والأفراد و المعلومات والتكنولوجيا وتدفقات القيمة والعمليات و الشركاء والموردين).
- المبادئ التوجيهية التي تحدد كيفية اتخاذ القرارات و ما هي الإجراءات التي يتم اتخاذها.
- الاتفاق على مسارات العمل التي ستتخذها المؤسسة وكيفية تخصيص الموارد لها في شكل خطط استراتيجية.

استراتيجية تكنولوجيا المعلومات

- عنصر من عناصر الاستراتيجية الرقمية تشمل تكنولوجيا المعلومات.
- معنية بحلول تكنولوجيا المعلومات التى يتم استخدامها لتحقيق ميزة تنافسية.
- نعتبر استراتيجية التى تضع البنائية التى تدعم الاستراتيجية الرقمية.
- تحدد نوع تكنولوجيا المعلومات المناسب لتقديم تجربة موحدة للعملاء عبر مجموعة متنوعة من المنصات.
- تعنبر استراتيجية العناصر الإدارية لتكنولوجيا المعلومات التى تضع تصميمات و مخططات مركز البيانات والبنية التحتية.

هدف استراتيجية تكنولوجيا المعلومات

- كيف تدعم إدارة تكنولوجيا المعلومات المؤسسة فى تحقيق أهداف أعمالها.
- ما هي التكنولوجيا التي سيتم استخدامها لأداء العمليات التجارية.
- كيفية الاستفادة من التكنولوجيا المستهدفة في الاستراتيجية الرقمية.
- كيفية الانتقال إلى التكنولوجيا التي تدعم أهداف المؤسسة.
- طبيعة عمل ودور موردي التكنولوجيا.

الإستراتيجية الرقمية

- استخدام التقنية الرقمية فى أعمال المؤسسة.
- تنفيذ خطة التحول الرقمى حيث تقوم المؤسسة بأتمتة أنشطتها أو استبدال التكنولوجيا القديمة بالتكنولوجيا الرقمية.
- استراتيجية العمل منفصلة عن التكنولوجيا المستخدمة لتحقيق ذلك و استخدام التكنولوجيا الرقمية يقتصر على تحسين أداء المتكنولوجياة.
- الإستراتيجية الرقمية خطة عمل تعتمد على استخدام التكنولوجيا الرقمية لتحقيق أهدافها و غاياتها.
- يجب أن تحتوى استراتيجية العمل على استراتيجية رقمية تؤدي المهام والإجراءات لتحقيق الأهداف و الغايات.

أهداف الإستراتيجية الرقمية

- الإستراتيجية الرقمية خطة عمل مبنية على التقنيات الحديثة البارزة.
- استغلال فرصة نمو المؤسسة فى السوق تلبية لمتطلبات العملاء واستخدام تكنولوجيا رقمية جديدة متاحة وفقا لعلاقات العمل.
- استخدام التكنولوجيا الرقمية للتعامل وتحسين خبرة و رضا العملاء.
- إعادة إطلاق المنتجات والخدمات الحالية بميزات جديدة و طرق تسليم توفرها التكنولوجيا الرقمية.
- استخدام التكنولوجيا الرقمية لتحسين أداء أو كفاءة عمليات المؤسسة.

موضوعات الإستراتيجية الرقمية

- كيف تغيرت التكنولوجيا غيرت العالم و البيئة التي تعمل بها المؤسسة.
- هل المؤسسة بحاجة إلى الاستجابة لهذه التغييرات أو مواصلة مسيرتها الحالية.
- كيفية تحديد الفرص في العالم الرقمي والمخاطر التي تنطوي عليها كل فرصة.
- كيفية رسم مسار يستغل الفرص و يتجنب المخاطر أو يخفف منها.

الفصل الثالث: تطور إدارة تكنولوجيا المعلومات

في مواجهة التزام الشركات بالتغيير، تظل الأدوار الأساسية الثلاثة لإدارة تكنولوجيا المعلومات كما هي ولكن تغيرت السياقات والمحتوى والموارد اللازمة للأداء الجيد والوصول إلى هذه الأهداف بشكل ملحوظ مع التحول الرقمي للشركات,لقد كان للثورة المزدوجة للتكنولوجيات الرقمية والمعلومات تأثيرات كبيرة على الشركات وأعمالها وموظفيها وأتكنولوجياتها، وبالتالي على حوكمتها.

مهام إدارة تكنولوجيا المعلومات

- التميز التشغيلي لجميع الخدمات الموجودة (تشغيل).
- إكمال المشروعات وفقًا للنطاق والميزانية والخطوط العريضة (بناء).
- صياغة استراتيجية تطوير تكنولوجيا المعلومات (رؤية).

وظائف إدارة تكنولوجيا المعلومات

- تقديم خدمات (تشغيل).
- شراكة بيزنس(بناء).
- تخطيط إستراتيجى(رؤية).

أهمية التطوير

- التطورات التكنولوجية (الذكاء الاصطناعي وإنترنت الأشياء وما إلى ذلك) و التغيرات الثقافية (استخدامات المحمول، و التواصل الإجتماعى، والسلوكيات) تؤثرعلى تنفيذ العمليات فى الشركات بتحسين الكفاءة التشغيلية وتنمية الأعمال.

- من الضروري للشركات تعزيز خدماتها للعملاء للتميزفى المنافسة.

- تطوير خدمات رقمية متعددة أمر ضروري لتعزيز القدرة التنافسية للشركات وفقا للتغييرات التي تطرأ على الاقتصاد العالمي في مصروالعالم.

- يتعين على الشركات أن تعالج الجانب الثقافي للتحول الرقمي وأن تأقلم موظفيها مع التقنيات الرقمية.

- العديد من التغييرات السلوكية الناجمة جزئيًا عن ظهور التكنولوجيا الرقمية تعطل ممارسات الأعمال مثل تأثير الشبكات الاجتماعية.

- تعمل الشركات على بناء فرق عمل تضم أفرادًا أكثر فهما للرقمية.

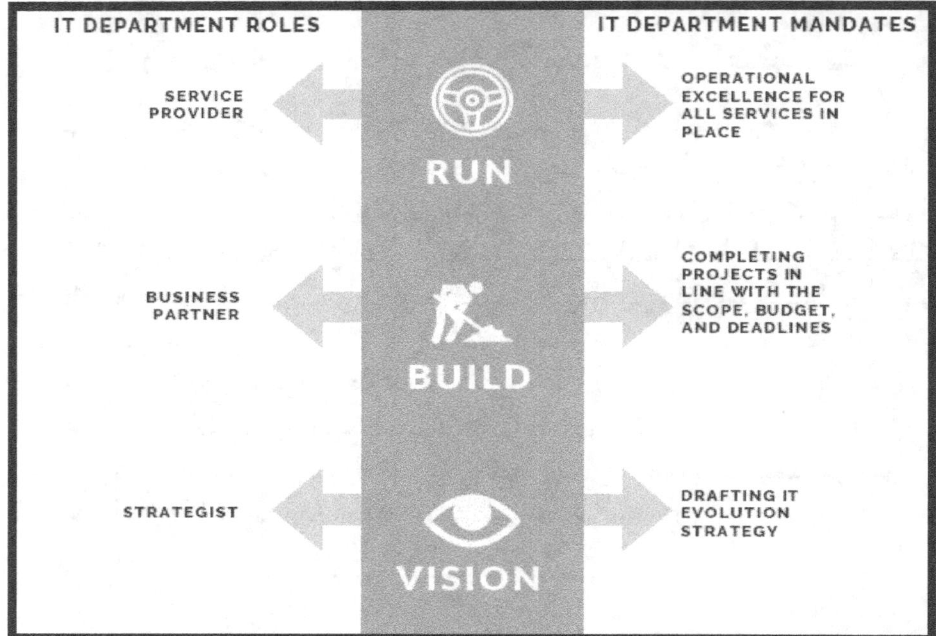

الشكل رقم (19) يبين أدوار إدارة تكنولوجيا المعلومات فى المؤسسة.

تكنولوجيا المعلومات و الإدارة

> تقوم إدارة تكنولوجيا المعلومات الآن بتنسيق حلول وتقنيات متعددة وتواجه تحديات كبيرة في تكامل تكنولوجيا المعلومات و الهيكل التنظيمى و بنائية الشبكات .

> تتجه إدارة تكنولوجيا المعلومات لدمج أتكنولوجياة الحوسبة السحابية المتعددة.

> يجب أن تكون المؤسسة مرنة وتتفاعل بسرعة مع الطلبات والتغييرات.

> يجب على إدارة تكنولوجيا المعلومات التوفيق بين هذين الجانبين (الأساسي والسريع) لتطوير تكنولوجيا المعلومات للاستفادة من فرص للابتكار والسيطرة على مخاطر "تكنولوجيا المعلومات الظلية" و"التطوير الظلي".

> تعرض تكنولوجيا المعلومات الظلية المؤسسة للخطر من حيث الأمان والامتثال، وخاصة فيما يتعلق بمعالجة البيانات الشخصية.

> تسعى الشركات دائمًا إلى تحسين نفقات تشغيل تكنولوجيا المعلومات للحصول على الموارد للاستثمار في التطوير.

> يؤدي تطور نماذج أعمال الموردين نحو الحوسبة السحابية إلى انتقال الإنفاق الاستثماري نحو نفقات التشغيل.

التطورات التكنولوجية السريعة

- تطور سريعا جدا مصطلح التكنولوجيا الرقمية الذى يجمع بين تكنولوجيا المعلومات و التكنولوجيا التشغيلية الذى ظهر فى عالم البزنس بعد أن كان مقتصرا على مجال تكنولوجيا التحكم الألى الصناعية.

- فرضت هذه التطورات على المؤسسات طرق تفكيروعمل مختلفة نتيجة تطور طرق التواصل السريعة المباشرة بين الموردين و المستهلكين و تقليل الإعتماد على الوسطاء و المطورين.

- أصبحت خدمات أون لاين على مستوى العالم شديدة التأثير على جودة و قيمة الخدمات فى السوق المحلى و العالمى, و تغيرت معايير التنافسية الخدمية و تغيرت مفاهيم الأدوار التخصصية فى المؤسسات.

- فرضت موجة التطورات الأخيرة على المؤسسات ضرورة التحول الرقمى لمواكبة سرعة التطور فى عالم الحوسبة السحابية.

- تحقيق الرشاقة المؤسسية الرقمية يفرض تبنى آليات جديدة ونماذج عمل تشغيلية فعالة ناضجة سريعة فابلة للدعم و التطور قليلة التكاليف.

عوامل تطور إدارة تكنولوجيا المعلومات.

- كانت تكنولوجيا خوادم البيانات معقدة تنافسية متعددة أصبحت سلعة أونلاين افتراضية متاحة عبر التكنولوجية السحابية.

- كانت تقنية الجى بى إس محدودة النطاق محليا و متاحة لأجهزة معينة أصبحت الآن متوفرة لجميع أجهزة المحمول و متوافقة مع تطبيقات عديدة و سياقات عملية تقنية بدون تكاليف إضافية.

- تكنولوجيا و أدوات إدارة موارد المؤسسات كانت باهظة التكاليف و تتطلب مدد زمنية كبيرة لإجراءات توريد و تركيب و تشغيل و تدريب و دعم فنى أصبحت الآن أداة استاندرد طبيعية متاحة لكل المؤسسات الجديدة قبل التصميم و الإنطلاق كما أنها أصبحت متاحة من خلال منصات الحلول السحابية.

- فرضت التطورات على المؤسسات تغيير نموذج التصميم التكنولوجى لمواكبة السرعة و مفهوم الرشاقة فى مراحل التطوير و التنفيذ.

مجالات تطور المفاهيم الأساسية

الشكل رقم (20) يبين تطورات نموذج التكنولوجيا الرقمية.

- ⮞ تكنولوجيا المعلومات
- ⮞ التكنولوجيا التشغيلية
- ⮞ تكنولوجيا الإتصالات
- ⮞ انترنت الأشياء

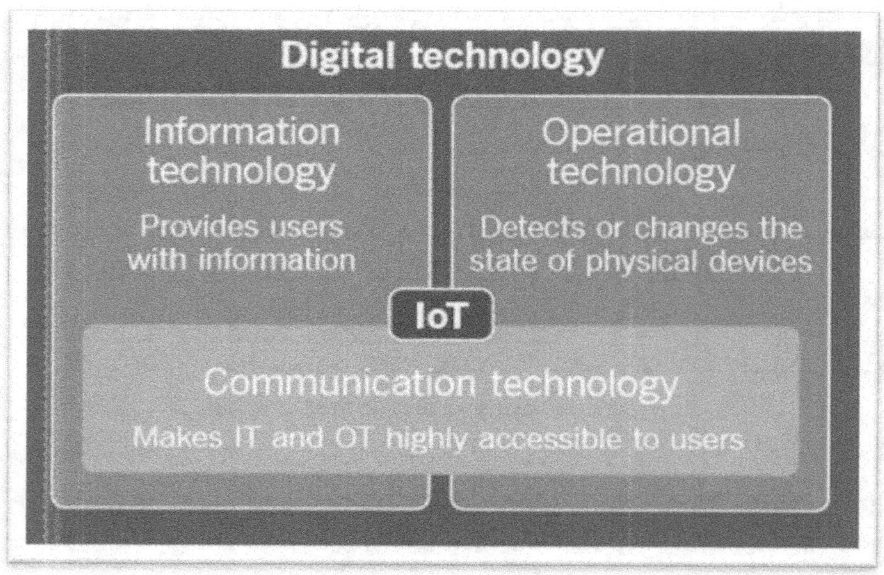

الشكل رقم(20) يوضح المفاهيم المتطورة فى المجال

ITIL 4: Digital and IT Strategy-AXELOS Limited 2020

تكنولوجيا المعلومات

استخدام التكنولوجيا الرقمية لتخزين و استعادة و إرسال و إستقبال و معالجة البيانات فى مؤسسات مجالات البيزنس و غيرها من خلال تكنولوجيا تتكون من أجهزة (هاردوير) و برمجيات و تطبيقات بغرض معالجة البيانات و انتاج معلومات مفيدة ذات قيمة متاحة للمستخدمبن.

التكنولوجيا التشغيلية

استخدام التكنولوجيا الرقمية لإكتشاف و إحداث تغيرات فى الأجهزة المادية من خلال تكنولوجيا مراقبة و عرض و تحكم مثل تكنولوجيا سكادا, و هذه التكنولوجيا تتكامل مع تكنولوجيا الاتصالات و المعلومات لانتاج حلول منهما معا تعرف بانترنت الأشياء.

26

تكنولوجيا الاتصالات

أجهزة ووسائل متاحة للإستخدام بين المؤسسات و أصحاب المصالح و المنتجين و الموردين و المستهلكين و أهمها التليفون المحمول و من بين مزايا هذه التكنولوجيا تسهيل التواصل و عقد المؤتمرات المرئية و جلسات التفاوض و دورات التدريب إلى جانب مزايا التحكم و التشغيل عن بعد.

انترنت الأشياء

هى تكنولوجيا تربط بين تكنولوجيات عديدة من المعدات و الآلات و أجهزة الإتصالات و الكمبيوتر عبر الانترنت لتبادل البيانات و المعلومات بدون تدخل البشر و تطورت هذه الأتكنولوجياة فى السنوات الأخيرة لتتضمن استخدامات الذكاء الصناعى فى مجالات التعلم بالآلات و أتكنولوجياة بنية تحتية تستخدم فى الإستشعار و المراقبة عن بعد و أغراض أخرى صناعية و تجارية و خدمية و عسكرية .

سمات وظروف التطور والتحول

- ➤ الشركات التي كانت منافسة أصبحت الآن شركاء (والعكس ينطبق أيضًا).
- ➤ تزايد خطورة أن تصبح البنى التحتية المصممة لحماية مصالح المؤسسة ذات يوم مفتوحة للعالم بشكل متزايد مع ضرورة الحفاظ على مستوى عالٍ من أمن المعلومات و السرية و الخصوصية.
- ➤ تميل مؤسسات الأعمال التي تركز على تطور أعمالها إلى استكشاف آفاق جديدة قد تغير نماذج أعمال الشركة.
- ➤ نظراً للتطور السريع، فإن التقنيات الرقمية أصبحت تقود التغيير في نماذج أعمال المؤسسات.

الإستجابة للتحول بالتطور

- ➤ كان على الشركات أن تطور هندسة شبكاتها وبنيتها التحتية لمواكبة التحول.
- ➤ خطط التوسع وأساليب البنية المؤسسية تؤثر فى تشكيل أتكنولوجياة المعلومات بشكل كبير.
- ➤ الأعمال التجارية المتزايدة المرونة الآن تعني التكيف مع الواقع من أجل تلبية المتطلبات وتعني أيضًا إعادة التصميم مع الامتثال للقيود الأمنية والتنظيمية الجديدة.
- ➤ الرقمنة تؤكد وتعزز المخاوف من مخاطر و تهديدات على البنية التحتية تتزايد حين تختفي حدود النظام وبالتالي يتسع انفتاح النظام البيئة المعلوماتية.
- ➤ نماذج الأعمال تتغير بسرعة والوظائف غير آمنة و تهيمن النماذج الجديدة على مجالات العروض والمخططات ودراسات الجدوى.

التحديات و الإدارة

- ➢ أصبحت مسؤولية إدارة تكنولوجيا المعلومات فى المؤسسة أمرًا بالغ الأهمية لتغير مفاهيم إدارة الخدمات الداخلية و الخارجية..

- ➢ تحديات التنافسية بين المطورين و مقدمى الخدمات عبر الإنترنت و مزايا التطبيقات السحابية وانترنت الأشياء فرضت إجراء تغييرات على مستوى الهياكل التنظيمية و كذلك على مستوى مفاهيم التعاقدات الخارجية لتوفير الخدمات بأنواعها.

مفاهيم تطور إدارة تكنولوجيا المعلومات

- ➢ تم تشكيل البنى الأولية لتكنولوجيا المعلومات من خلال الجمع بين التقنيات التي تستجيب لاحتياجات العمل.

- ➢ كانت السمة الرئيسية لهذا النهج التكنولوجي هي تلبية سريعة لإحتياجات المستخدمين باستخدام حلول مستقرة خاضعة للرقابة.

- ➢ فرضت خطط تكنولوجيا المعلومات الأن على الشركات تنظيم المجالات الوظيفية لهذه التكنولوجيا من أجل توفير رؤية عالمية ومشتركة للعاملين في مجال تكنولوجيا المعلومات ووحدات الأعمال.

- ➢ هندسة الشبكات حاليا تتجاوز المجال التكنولوجي البحت وتتولى تدريجياً مجال العمليات التجارية وأصبح تحسين تكنولوجيا المعلومات تحديًا للمؤسسات.

- ➢ يتم استخدام مبادئ البنية المؤسسية لتطوير البعد التجاري ضمن أي سلسلة قيمة من خلال الوظائف والمسؤوليات المشتركة بين عناصر نظام المعلومات المحليين وجميع العناصر التى تساهم في أداء العمليات التجارية الخارجية.

الفصل الرابع: التحول الرقمى

تعريفات

التحول الرقمي هو عملية التحول فى الرؤية والمهام و الخدمات بممارسات إستخدامات التقنيات الرقمية فى العمليات التجارية و الإدارية فى المؤسسة.

الرقمية

- الرقمية هي عملية تحويل شيء ما (مثل النص أو الصوت أو الصور) من الشكل التماثلى إلى الشكل الرقمي من خلال التعبير عن المعلومات بلغة الحاسب الآلى.

الرقمنة

- تكنولوجيا تحث على التغيير فى الصناعة.
- يُستخدم مصطلح "الرقمنة" أحيانًا للإشارة إلى استخدام التكنولوجيا الرقمية و المستندات الرقمية لأتمتة أو تحويل بعض أنشطة المؤسسة اليدوية إلى الحوسبة.
- في بعض الأحيان يساء استخدام مصطلح تحول رقمي ونظرًا للارتباك المحتمل مع الرقمنة لا يُنصح باستخدامه إلا فى السياق الصحيح.

مفهوم التحول الرقمي

- الأثر الإجتماعى و التجارى الشامل للرقمنة.
- إعادة التنظيم أو الاستثمار في التكنولوجيا الجديدة ونماذج الأعمال والعمليات لزيادة القيمة للعملاء والموظفين والتنافس بشكل أكثر فعالية في الاقتصاد الرقمي المتغير باستمرار.
- مصطلح له معاني مختلفة اعتمادًا على الفرد والسياق مثل الرقمنة.
- يتحقق التحول الرقمي من خلال الرقمنة والروبوتية وغيرها من أشكال الأتمتة التي تمكن التقنيات من القيام بالأعمال بشكل مختلف .
- يجب على المديرين التنفيذيين النظر إلى التحول الرقمي باعتباره قدرة المؤسسة على تحديد الاستخدامات المبتكرة لكل التقنيات الجديدة والحالية.
- يجب على المؤسسة الاستجابة من خلال تحويل إستراتيجيتها وعملياتها للحفاظ على مكانتها في السوق وتنميتها.
- من أساليب التحول الرقمي فى بعض المؤسسات مثل البنوك تقنيات تداول البيانات مع العملاء والأتمتة الافتراضية المحددة.

المؤسسة الرقمية

> - هى المؤسسة التى تنتفع بالتكنولوجيا الرقمية فى أنشطة البيزنس.
> - يمتد المصطلح ليشمل المؤسسات التى توظف التكنولوجيا الرقمية فى أعمالها الصناعية أو التجارية ونماذج التشغيل لتميز نفسها بين المنافسين.
> - غالبًا ما تحتوي المنتجات والخدمات على مكون رقمي (مثل تطبيق الهاتف المحمول لطلب الخدمات) أو قد تكون رقمية بالكامل (مثل خدمة تداول الأسهم عبر الإنترنت). أصبح مفهوم التحول الرقمى للمؤسسات يعنى تمكينها بالتكنولوجيا الرقمية من إحداث تطور ملموس فى تحقيق غاياتها و أهدافها مقارنة بما كانت عليه من قبل.
> - تحتاج كل مؤسسة إلى تحديد أجزاء العمل التي يجب رقمنتها وإلى أي مدى حتى تتمكن من تحقيق ميزة تنافسية وتحافظ عليها.

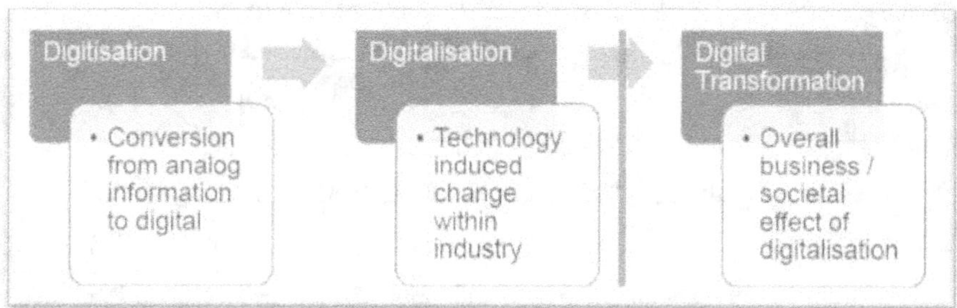

الشكل رقم (21) يبين تعريفات التحول الرقمى.
Asset Management Digitalization, Stefan Swanepoel.

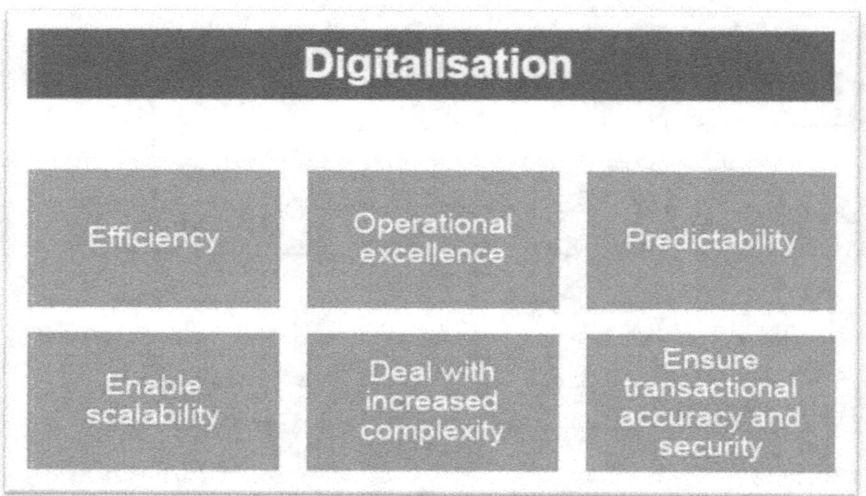

الشكل رقم (22) يبين مزايا الرقمنة.
Asset Management Digitalization, Stefan Swanepoel.

الأعمال الرقمية

- مؤسسة تستخدم التكنولوجيا الرقمية كأساس لإجراء عملياتها.
- مؤسسة تقدم منتجات و/أو خدمات رقمية.
- الأنشطة التجارية الأساسية التي تم رقمنتها في مؤسسة.
- التكنولوجيا المستخدمة للتفاعل مع المستهلكين و العملاء و المستخدمين.
- منهجية أو إطار عمل لتبني أو استخدام التقنيات الجديدة.
- الإعتماد على نماذج أو قوالب أعمال تحتوي على تقنيات رقمية بديلة مملوءة مسبقًا.

مزايا التحول الرقمي

- الكفاءة.
- التفوق التشغيلي
- القدرة على التنبؤ.
- تمكين قابلية التوسع.
- التعامل مع التعقيد المتزايد
- ضمان دقة المعاملات والأمن.
- رقمنة عروض الخدمات/المنتجات.
- تنافس في عالم رقمي.

خيارات تنفيذ التحول الرقمي

حسب الحاجة

التحدي الحالي في خدمات إنترنت الأشياء (IoT).

ضعف إعتبارات التكامل والدعم والمواءمة الاستراتيجية.

قد يؤدي في النهاية إلى إهدار النفقات.

دفعة واحدة

الحمل الزائد على الموارد.

عواقب سرعة و تعجل التنفيذ.

خارطة طريق تقدمية

حسن إختيار الإتجاه

إعتبارات الأولويات.

تسلسل التنفيذ.

عناصر التحول الرقمي

الأشخاص

- مسؤولية من يعطي التوجيه ويقود المبادرات و مسؤول عن النتائج؟

➢ المشاركة والمساهمة الأمثل للمعنيين.

➢ من يشارك في عملية التحول الرقمي؟

➢ هل تتوفر مهارات تكنولوجيا الرقمنة المطلوبة؟

➢ هل يتمتع الموظفون بالمهارات اللازمة للمشاركة وإضافة قيمة في العمليات الرقمية؟

<u>العمليات:</u>

➢ طريقة جديدة لفعل الأشياء ذات القيمة.

➢ إكتمال التخطيط و التنفيذ وإلى أي مستوى تم رقمنة العمليات؟

➢ المعلومات المتعلقة بالعملية و سياق الأعمال وهل تتضمن العمليات وتتيح سياقات أخرى؟

➢ الأتمتة والذكاء وإلى أي مستوى يتم استخدام البيانات الاستقصائية بشكل آلي في العمليات.

➢ التكامل التشغيلي ومدى سرعة وتطور عمليات التكامل مع العناصر الأخرى ذات الصلة بالعمليات؟

<u>التكنولوجيا:</u>

➢ هل بنية المؤسسة الرقمية مرنة ومفتوحة للسماح بالامتداد والتطور؟

➢ هل يتم تقديم الحلول من خلال تقنيات منصة ناضجة؟

➢ هل يوفر سير العمل للمستخدمين تجربة سلسة عبر الأنظمة؟

➢ ما مدى سرعة وتطور عمليات الإندماج والتكامل مع الأنظمة الأخرى ذات الصلة.

<u>المحتوى:</u>

➢ الاكتمال والأهمية : هل السجلات الرقمية كاملة ومستكملة ببيانات خارجية؟

➢ هل تقتصر على كل ما هو ذو صلة بالاستخدام؟

➢ هل يتم استخدام البيانات الرئيسية المتسقة عبر جميع الأنظمة؟

➢ هل البيانات دقيقة؟

➢ هل هناك عمليات رسمية للتحكم في جودة البيانات و كشف الحيود؟

➢ هل عملية الوصول إلى البيانات سلسة والبحث فيها من ذكاء الأعمال الخاص بالشركة متاح بضوابط خاصة مناسبة لمنصة البيانات. وتستخدم لاستخلاص القيمة؟

<u>أسئلة مبررات و كيفية التحول</u>

➢ ما هي العملية/الخطوة التي يجب القيام بها؟

➢ لماذا تعتبر هذه العملية/الخطوة مهمة؟

➢ من يشارك في تنفيذ هذه العملية/الخطوة؟

➢ من/ما الذي يستخدم المعلومات الصادرة عن هذه العملية/الخطوة؟

➢ هل لا تزال العملية/الخطوة ذات صلة بالهدف وهل يمكن تحويلها رقميًا؟

➢ هل التغيرات في الأداء والتكلفة والمخاطر تبرر التحول الرقمي؟

تحولات التكنولوجيا

➢ من أنظمة محلية في مواقع العمل إلى خدمات قائم على الحوسبة السحابية.

➢ من أنظمة منعزلة إلى فتح تدفق البيانات عبر الشبكات الدولية.

➢ من التطبيقات المحلية إلى إنترنت الأشياء وواجهات برمجة التطبيقات.

➢ من تجارب المستخدمين الجزئية المحدودة إلى تطبيقات متعددة القنوات.

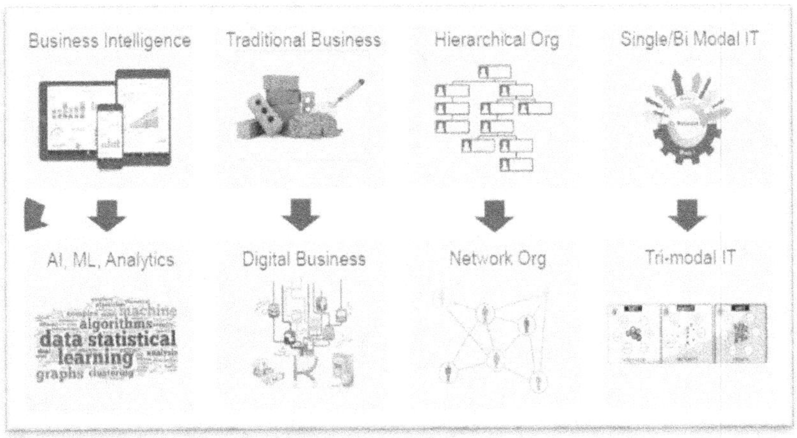

الشكل رقم (23) يبين مظاهر تحولات التكنولوجيا.
Asset Management Digitalization, Stefan Swanepoel.

النهج المتبع في التحول الرقمي (O.P.P.O.S.I.T.E)

التوجيه Orientation

النظر إلى الأشخاص (العملاء والموظفين) بشكل مختلف.
تقدير الاختلافات و ندعها تلهم الرؤية.

الأشخاص People

فهم السلوك والاتجاهات والقيم والتوقعات للكشف عن فرص جديدة.

العملية Process

تطوير نماذج أعمال جديدة وهياكل إعداد التقارير والعمليات الداعمة والأنظمة والسياسات لتمكين تنفيذ عمليات التحول الرقمي.

الأهداف Objectives

تحديد شكل النجاح على المدى الطويل والقصير.
تحديد رضا العملاء والتجارب المفضلة

الهيكل Structure

تشكيل فريق التجربة الرقمية بأدوار ومسؤوليات واضحة.

الرؤى والقصد Insights & Intent

جمع البيانات بشكل مستمر وتطبيق الرؤى لتهيئة التقنيات وتجارب العملاء لتظل متجددة و مناسبة.

التكنولوجيا Technology

الاستثمار في التكنولوجيا التي تحقق أهداف جميع جوانب النهج المتحول من خلال تجربة عملاء (خارجية وداخلية) سلسة ومتكاملة وأصلية.

التنفيذ Execution

تنفيذ خارطة طريق التحول الرقمي مع أصحاب المصلحة المسؤولين عن تنفيذ وتطويررؤية التحول مع النتائج والمقاييس المرتبطة بكل شيء هام.

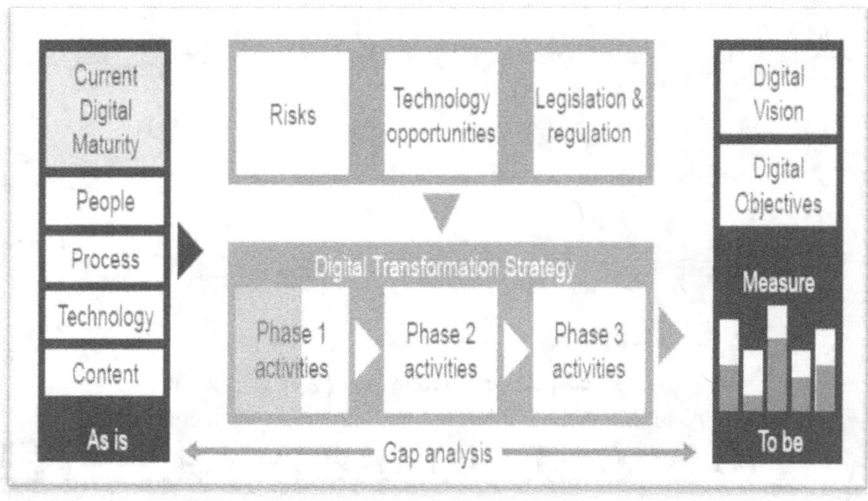

الشكل رقم (24) يبين عملية التحول الرقمى.
Asset Management Digitalization, Stefan Swanepoel.

عملية التحول الرقمى

دراسة الوضع الحالى (As is)

- ⮞ مستوى النضج الرقمى الحالى.
- ⮞ الأشخاص.
- ⮞ العمليات.
- ⮞ التكنولوجيا.
- ⮞ المحتوى.

تحديد خطة و هدف التحول (To be)

- ➤ الرؤية الرقمية المستهدفة.
- ➤ الأهداف الرقمية.
- ➤ مقاييس ء قياسات الأداء.

إجراء تحليل الفجوة

- ➤ تحديد و وضع استراتيجية التحول الرقمى و مراحل التنفيذ.
- ➤ دراسة و تحليل المخاطر.
- ➤ تحديد الفرص التكنولوجية.
- ➤ تحديد الإجراءات التنظيمية و القانونية و السياسات وغيرها.

مستوى النضج الرقمى

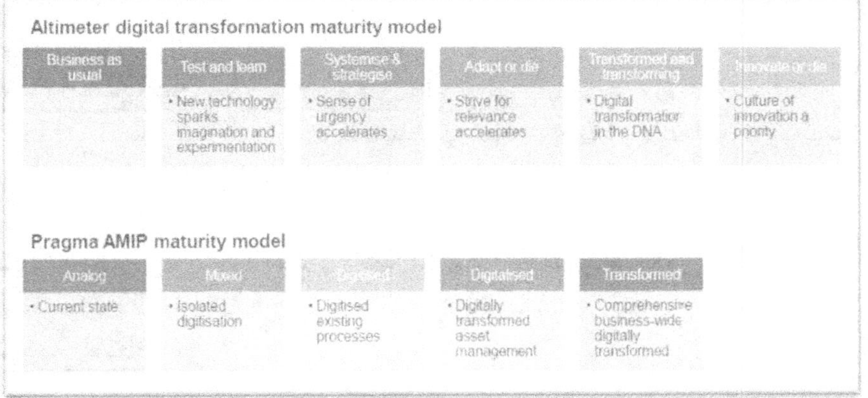

الشكل رقم (25) يبين نموذجين لتحديد مستوى النضج الرقمى.
Asset Management Digitalization, Stefan Swanepoel.

نموذج نضج التحول الرقمى (Altimeter)

1- العمل كالمعتاد.

2- التجربة والتعلم.

- التكنولوجيا الجديدة تثير الخيال والتجريب.

3- وضع النظم ووضع الاستراتيجيات.

- الشعور بالإلحاح يتسارع.

4- التكيف أو النهاية

- السعي لتحقيق الملاءمة يتسارع.

5- التحويل والتحول

- التحول الرقمي في الحياة كالحمض النووى!!.

6- الابتكار أو النهاية والأولوية لثقافة الابتكار.

نموذج نضج Pragma AMIP

1- أنالوج (الحالة الحالية).
2- مختلط (رقمية معزولة).
3- رقمية (عمليات رقمية قائمة).
4- رقمنة (إدارة أصول متحولة رقميًا).
5- متحول (تحول رقمي شامل على مستوى الأعمال).

خط الرؤية و التحول الرقمي

تقدم إدارة تكنولوجيا المعلومات رؤية جديدة ذات اتصال واضح بين الخطة الاستراتيجية للمؤسسة (والتي تسمى عادةً خطة العمل) وأنشطة إدارة تكنولوجيا المعلومات التي يقدمها الموظفون.

يُعرف هذا بالمحاذاة أو "خط الرؤية" ويُمكّن الجميع من فهم كيفية مساهمتهم في تحقيق النجاح.

الرؤية النهائية لمشروع التحول الرقمي

الجدولة الديناميكية للموارد وتخصيصها وتتبع جميع الأعمال مع تعليمات العمل ذات الصلة في نقط العمل و الملاحظات المستمرة.

مؤشر النجاح

يتم نشر الموارد بشكل مثالي لإكمال أعمال التطور و التحول المطلوبة مع المعلومات ذات الصلة في متناول اليد والملاحظات الدقيقة.

الرؤية المتطورة

تستمر التكنولوجيا في التطور والتحسن.
قد تتوقف الرؤية عن التطور إذا لم تتمكن من تجاوز المراحل الأولية.

تحليل الفجوة

العمليات

• فهم المتطلبات الأساسية المتعلقة بالفجوة.
• تحديد كيفية تغيير العمليات.

الأشخاص

• توضيح و تحديد الأدوار.
• تحديد المهارات المطلوبة.

المحتوى

• تحديد المعلومات المفقودة.
• تحديد المعلومات غير ذات الصلة.

التكنولوجيا

• تحديد الفجوات في البنية العامة.

• تحديد الفجوات الوظيفية في الحلول القائمة على عمل المنصة.

عناصر استراتيجية تنفيذ التحول الرقمي

◄ الموظفون والمستشارون و القيمة والتمويل.

◄ التكنولوجيا وإدارة التغيير.

◄ تحليل البيانات و تحليل الأداء.

◄ الأمان والحوكمة.

تسلسل أنشطة التحول

العملية والمحتوى

فهم واضح للمتطلبات و للفجوة.

فهم المشكلة والسياق والحل المخطط له جيدًا بما فيه الكفاية.

القيمة والأولويات.

• مدى إلحاح تحويل أو استبدال عملية أو وظيفة العمل.

• مدى سرعة المنافس في استخدام التقنية لتحقيق أداء أفضل من أدائنا.

• استمرارية العمل

• الامتثال للمعايير.

• التحسين المستمر.

• الوقت اللازم للتأثير.

تحولات العمليات الأخرى.

ما هي العمليات الأخرى التي يجب رقمنتها أولاً قبل تحويل هذه العملية؟

التكنولوجيا

إدارة التوافر و مستوى النضج وتكلفة التكنولوجيا.

تحديد التكنولوجيا التي يجب أن تكون متاحة عند مستوى النضج المتقدم والتكلفة المناسبة في المنصة المفضلة.

الأشخاص

توافر المهارات لتنفيذ ودعم واستخدام التكنولوجيا.

هل توجد خطة لإدارة التغيير.

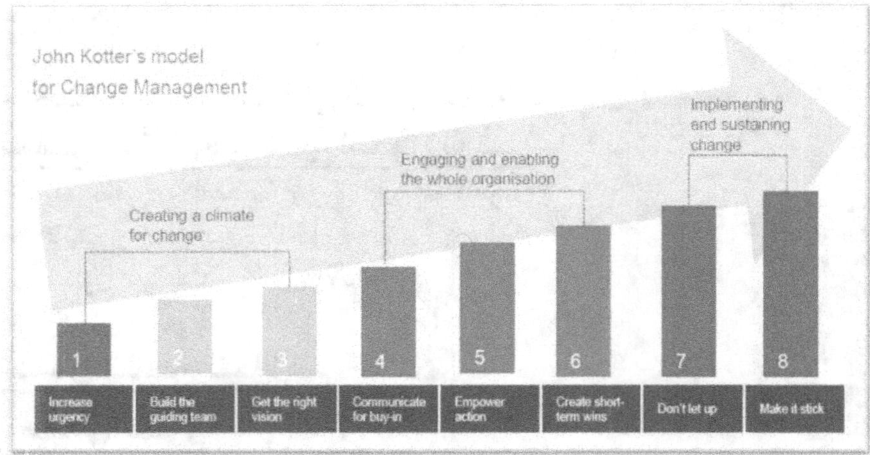

الشكل رقم (26) يبين نموذج جون كوتر لإدارة التغيير.
Asset Management Digitalization, Stefan Swanepoel.

نموذج جون كوتر لإدارة التغيير

خلق مناخ للتغيير

زيادة الإلحاح للتغيير المدروس.

بناء فريق التوجيه و القيادة.

التوصل إلى وضع الرؤية الصحيحة.

إشراك وتمكين المؤسسة بأكملها

التواصل للحصول على الدعم المناسب.

تفعيل تنفيذ العمل.

تحقيق مكاسب سريعة قصيرة الأجل.

تنفيذ التغيير واستدامته

لا تستسلم لضغوط أو معوقات.

اجعل التغيير مستمرًا للأفضل.

مؤشرات قياس النجاح

ابتكارات التحول الرقمي

قياس و رصد وتتبع عدد ابتكارات التحول الرقمي التي تم تحديدها فى المخططات مقابل ما تم تنفيذها.

سرعة البيانات

الوقت من بدء الرصد إلى توفر الإستخدام لاتخاذ القرار في المنصة الرقمية.

التكامل

نسبة التكاملات اداخلية بين الأنظمة والمنصة الآلية مقابل إجمالي التكاملات المحتملة.

نسبة أتمتة معاملات الشريك/العميل مقابل إجمالي المعاملات.

نضج المنصة

عدد أدوات سطح المكتب والتطبيقات المستقلة التي لا تزال قيد الاستخدام للوظائف المهمة للأعمال.

استخدام التطبيقات وواجهات برمجة التطبيقات

تتبع استخدام التطبيقات وواجهات برمجة التطبيقات المتاحة

الشراكة

مقارنة تكلفة التطوير الداخلي و التطوير من قبل الشريك و الشراء الجاهز.

تجربة المستخدم و إطلاق العنان للقيمة

استطلاعات كمية لتجارب المستخدمين.

قياس كمى لتخليق القيمة من خلال التحول الرقمي.

نموذج التحول الرقمى الهرمى خماسى المستويات

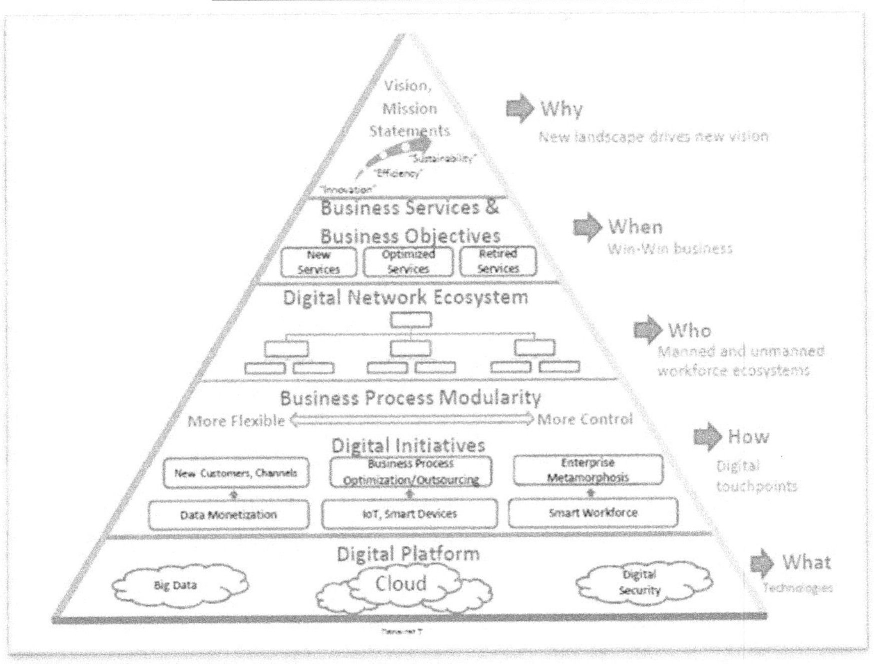

الشكل رقم (27) يبين نموذج التحول الرقمى خماسى المستويات.
Enterprise Architecture, Danairat T.

المستوى الأول: الإستراتيجية

- الإجابة على سؤال لماذا؟
- وضع رؤية إستراتيجية و نطاق أعمال جديدة
- إظهار مهارات القيادة و التحليل الرباعى و استخدام تقنية ستة سيجما.

المستوى الثانى :- خدمات و أهداف الأعمال (البيزنس).

- الإجابة على سؤال متى؟
- ممارسة الأعمال \البيزنس بأسلوب الجميع كسبان.
- تطبيقات علم الخدمات.

المستوى الثالث:- المؤسسة الرقمية

- الإجابة على سؤال من سيقوم بالمهام؟
- القوى العاملة البشرية و الآلية.
- تطوير هياكل وظائف المؤسسة.

المستوى الرابع: الأعمال و الممارسات الرقمية.

- الإجابة على سؤال كيف؟
- تحديد طرق و نقط تواصل الأعمال و العملاء.
- استخدامات الدليل المعرفي لإدارة المشاريع (PMBOK)
- استخدامات نظام إدارة أداء الأعمال (BPM)
- استخدامات الدليل المعرفى لإدارة البيانات(DMBOK)
- Data Management Body of Knowledge (DMBOK)
- Project Management Body of Knowledge (PMBOK)
- Business performance management (BPM)

المستوى الخامس: المنصة الرقمية.

- الإجابة على سؤال ماذا؟
- إختيارات تكنولوجيات رقمية.
- تقنيات البيانات الضخمة.
- تقنيات الحوسبة السحابية.
- استخدامات منهجية أيتل.
- استخدامات نموذج تكامل المقدرة.

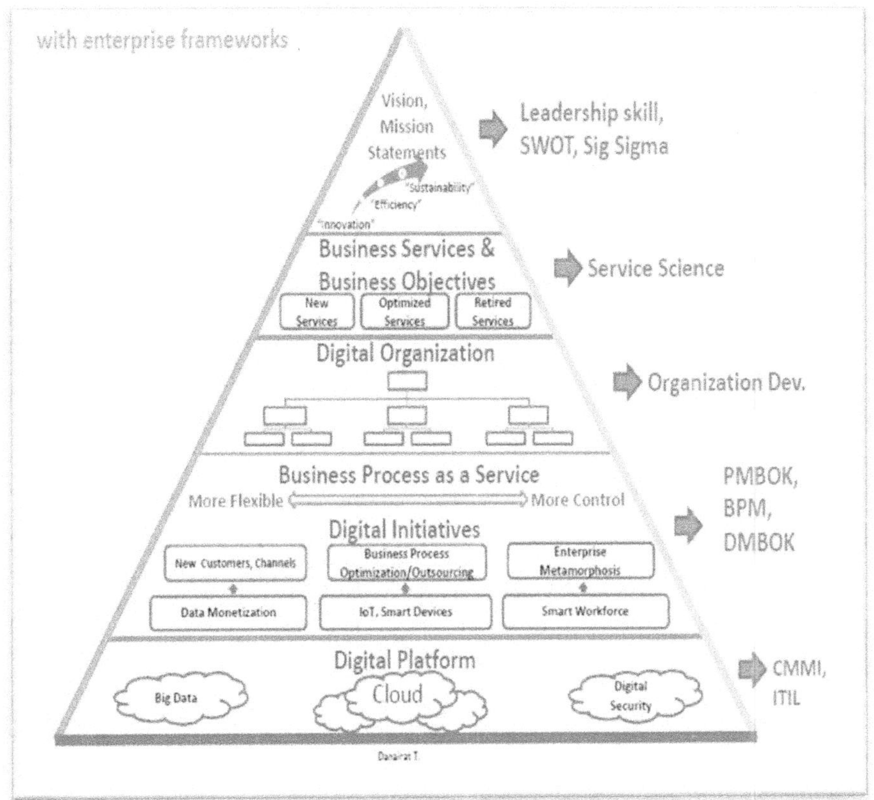

الشكل رقم (28) يبين نموذج التحول الرقمى و إطار عمل المؤسسة.
Enterprise Architecture, Danairat T.

<u>مستوى قمة الهرم: الإستراتيجية.</u>

<u>التحول وإعادة صياغة الرؤية و المهام</u>

تحول فى صياغة جمل الإستراتيجية.

المشهد الجديد يقود إلى رؤية جديدة.

- الإستدامة.
- الإبتكار.
- الكفاءة.

أدوات صنع الإستراتيجية.

التفكير التصميمي.

استخدام قالب تحليل العوامل الخارجية PESTLE

التحليل الرباعى SWOT

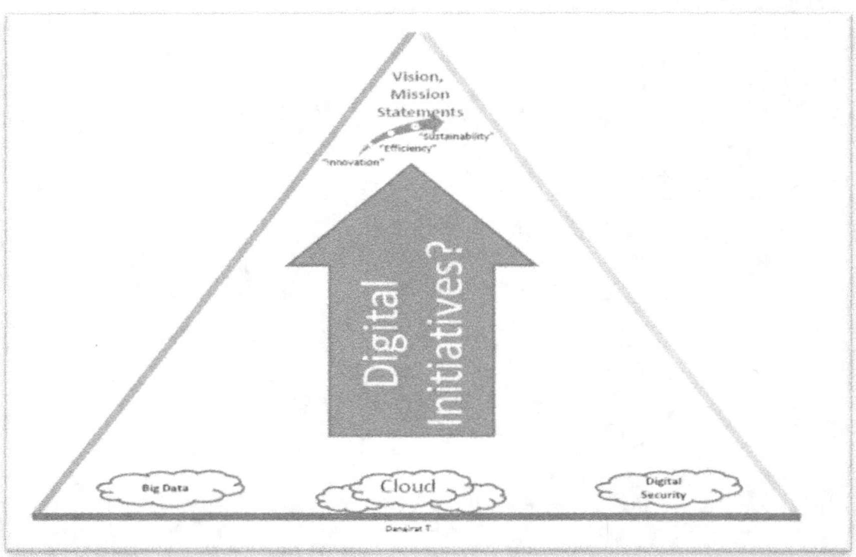

الشكل رقم (29) يبين تحول صياغات الإستراتيجية.
Enterprise Architecture, Danairat T.

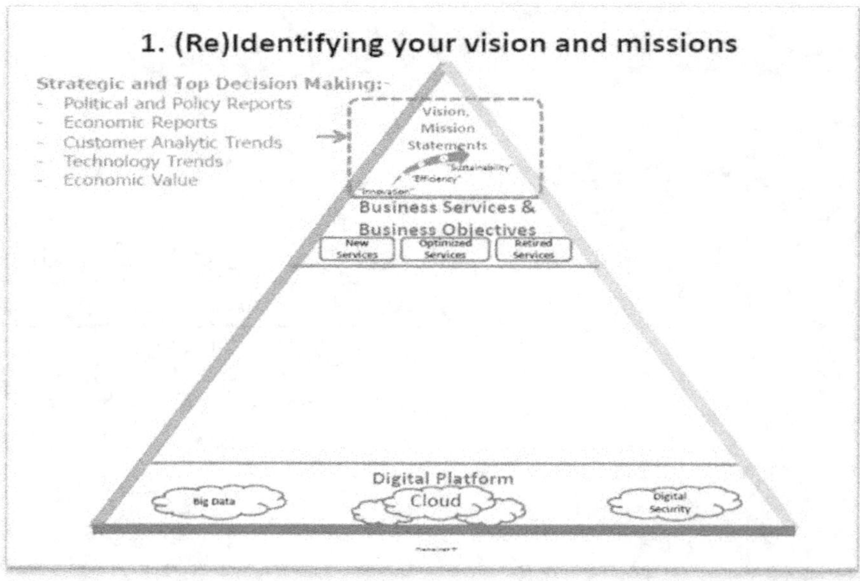

الشكل رقم (30) يبين مستوى صياغة الإستراتيجية.
Enterprise Architecture, Danairat T.

مستوى خدمات و أهداف الأعمال (البيزنس)

- ◄ خدمات جديدة.
- ◄ خدمات متغيرة أو متحسنة.
- ◄ خدمات متقاعدة.

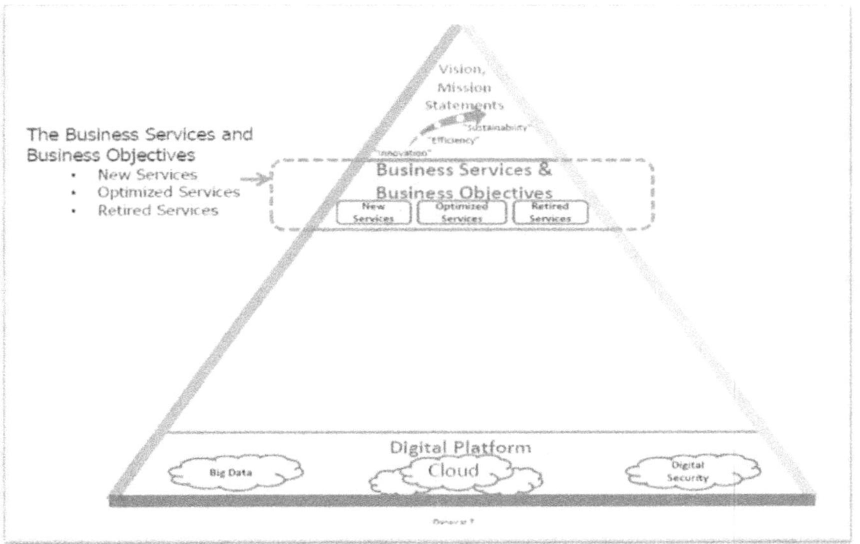

الشكل رقم (31) يبين طبقة خدمات الأعمال.
Enterprise Architecture, Danairat T.

تحديد خدمات وأهداف الأعمال

- ◄ تحليلات الآراء الاجتماعية.
- ◄ تحليلات تجارب العملاء و المستخدمين.
- ◄ اكتشاف العملاء الآليين.
- ◄ التحليلات الديموغرافية.
- ◄ أراء العملاء.
- ◄ الأهداف و نتائج القياسات.

مستوى المؤسسة الرقمية

يتم تشكيل الهياكل التنظيمية فى المؤسسات بعد تحديد القدرات و الوظائف المطلوبة من القوى العاملة البشرية وغيرها (الآلية و الذكاء الصناعى).

<u>تعريف القدرات</u>

- ◄ المعرفة.
- ◄ الخبرة.
- ◄ المهارات.
- ◄ الشخصية.
- ◄ السلوك.

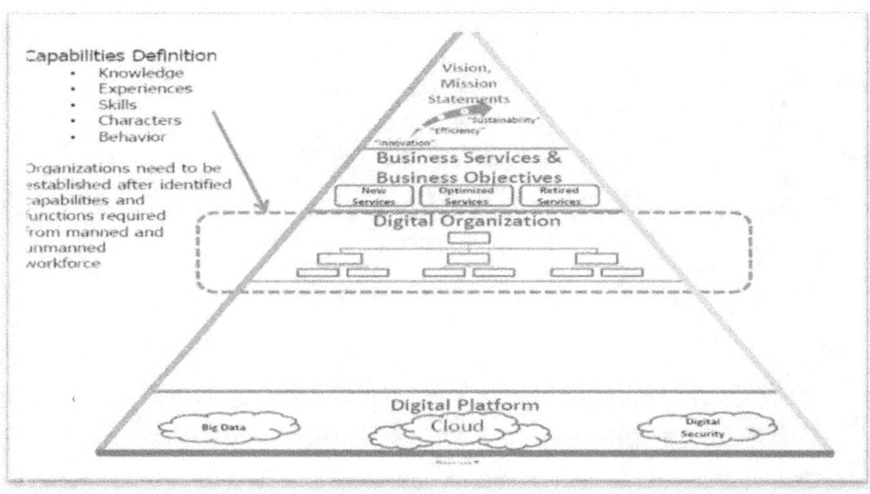

الشكل رقم (32) يبين طبقة هيكلة المؤسسة الرقمية.
Enterprise Architecture, Danairat T.

مستوى عمليات البيزنس كخدمة

- ◄ يجب أن تصبح العمليات التجارية المقدمة للعملاء أكثر مرونة.
- ◄ تحتاج عمليات الأعمال إلى مزيد من الأتمتة للتشغيل المتطور.
- ◄ العمليات التجارية تتطلب السيطرة على المتطلبات الإدارية (الموارد البشرية، الرواتب، التمويل).
- ◄ الأنشطة الرقمية والعمليات التجارية في حالة تخطيط المستقبل.
- ◄ سيعيد التحول المؤسسي تعريف الرؤية الجديدة للبيزنس.
- ◄ يجب تصميم العمليات التجارية ونقاط الاتصال الرقمية معًا.

<u>الأنشطة الرقمية</u>

- ◄ البيانات تصبح رأس مال و ذلك يخلق عملاء و قنوات تواصل جديدة.
- ◄ انترنت الأشياء و الأجهزة الذكية تؤدى إلى تطوير الأعمال وزيادة الطلب على العمليات الخارجية (Outsourcing).
- ◄ إعتماد أسلوب القوى العاملة الآلية الذكية تعجل التحولات المؤسسية.

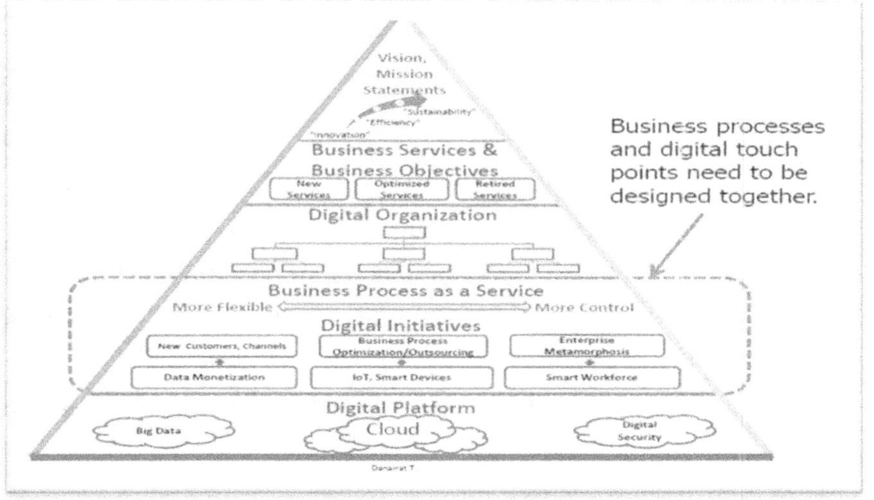

الشكل رقم (33) يبين طبقة عمليات البيزنس كخدمة.
Enterprise Architecture, Danairat T.

مستوى قاعدة الهرم (المنصة الرقمية)
التكنولوجيا الرقمية
- ➢ خدمات البيانات الضخمة.
- ➢ خدمات الحوسبة السحابية.
- ➢ أمن المعلومات.
- ➢ إستخدام تقنية منصات تحليل الأعمال وذكاء الأعمال.

سمات المنصات الرقمية

- ➢ إثراء ملف تعريف العملاء.
- ➢ تحسين العلاقة مع العملاء.
- ➢ تحسين قواعد العمل وشروط الموافقة.
- ➢ تخليق الابتكار.
- ➢ تعزيز الشفافية التشغيلية.

خطة إدارة المنصات الرقمية

- ➢ الذكاء التنفيذي و دقة الإختيار والتكامل الخارجي.
- ➢ إمكانية التشغيل التوافقى للبيانات بين التكنولوجيات المتعددة.
- ➢ خدمة المعلومات لشركاء الأعمال عبر الحوسبة السحابية.
- ➢ استقرار التطوير المتكامل للشبكات و منصات التواصل.
- ➢ تطوير البرامج و التطبيقات باستخدام منهجية DevOps

<u>خدمات و إمكانيات المنصات الرقمية.</u>

- التطبيقات السحابية online services Cloud.
- البيانات الضخمة Big data
- تكنولوجيا واجهة برمجة التطبيقات APIs للتبادل والتشغيل التوافقى بين التقنيات التكنولوجية المختلفة.
- البنية الخدمية service-oriented architecture SOA
- نماذج "كخدمة" (Saas ،PaaS ،IaaS)
- الخدمات الصغيرة micro-services التواصل أثناء التنقل Mobility
- الذكاء الاصطناعي وروبوتات الدردشة AI and Chabot's
- إنترنت الأشياء، الأجهزة الذكية .IoT, Smart Devices

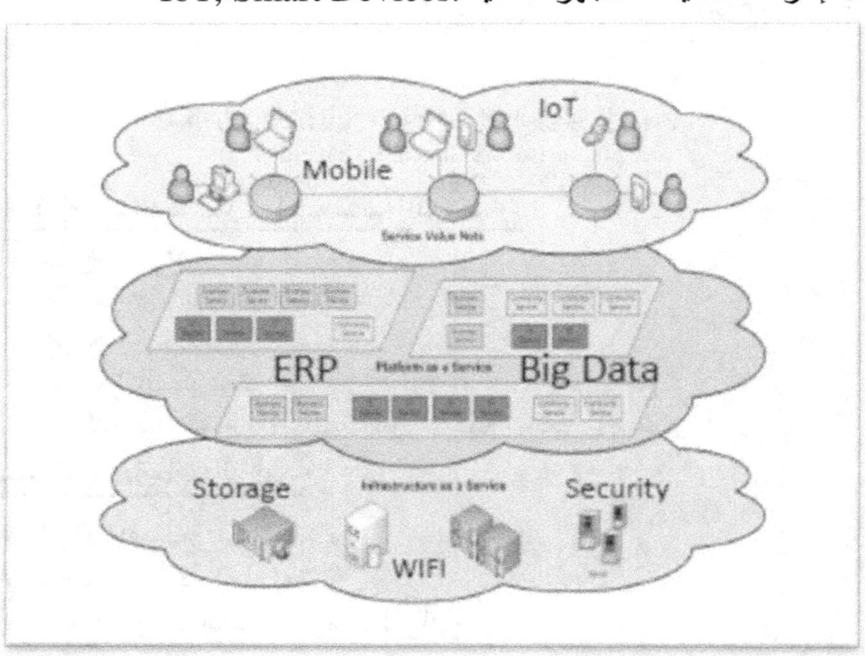

الشكل رقم(34) يبين الخدمات السحابية و البيانات الضخمة.

<u>تحسين العمليات التجارية وتوحيد التطبيقات</u>

- تحديد العمليات ومكتب إدارة المشاريع.
- تحسين العمليات الأساسية.
- توحيد التطبيقات.
- البيانات المفتوحة للشراكة.
- استخدامات تقنيات نظام ذكاء الأعمال BI.

إستخدام تقنيات ذكاء الأعمال و تحليلات الأعمال
Business Analytics and Business Intelligence

➤ يعتمد نظام ذكاء الأعمال (بى آى) (BI) على إستخدام بيانات الماضى و بيانات الحاضر لتحسين البيانات الجارية والمستقبلية لتحقيق النجاح.

➤ يعتمد نظام تحليل الأعمال (بى إيه) (BA) على تحليل بيانات الماضى و الحاضر لتجهيز و تهيئة الأعمال للمستقبل.

استخدام تقنية ذكاء الأعمال الإدارية Management BI

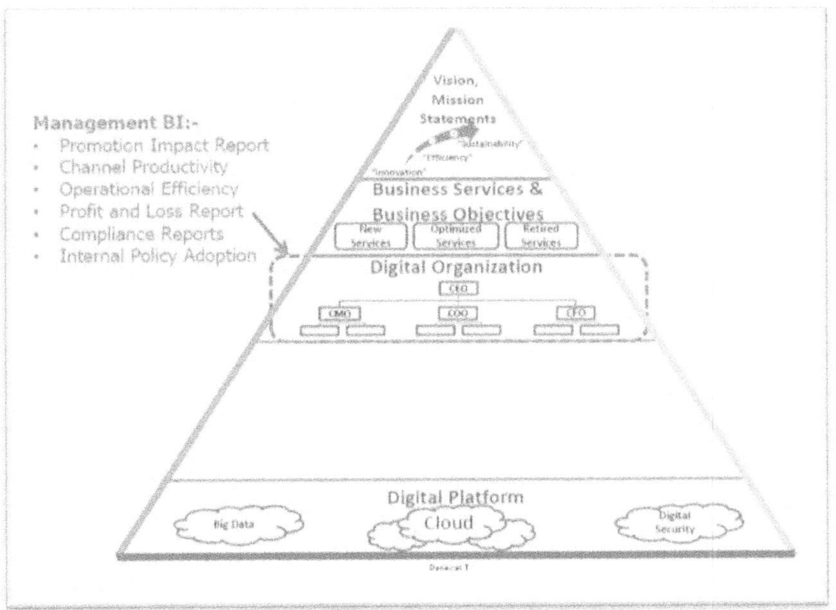

الشكل رقم (35) يبين استخدام تقنية ذكاء الأعمال الإدارية.
Enterprise Architecture, Danairat T.

تستخدم تقنية ذكاء الأعمال الإدارية فى مستوى المؤسسة الرقمية كما هو موضح فى الشكل رقم (35).

الغرض

➤ إعدادات تقرير تأثير الترويج

➤ تحليل إنتاجية القناة

➤ تحليل الكفاءة التشغيلية

➤ تقرير الربح والخسارة

➤ تقارير الامتثال

➤ اعتماد السياسة الداخلية

استخدام تقنية ذكاء الأعمال التشغيلية Operational BI

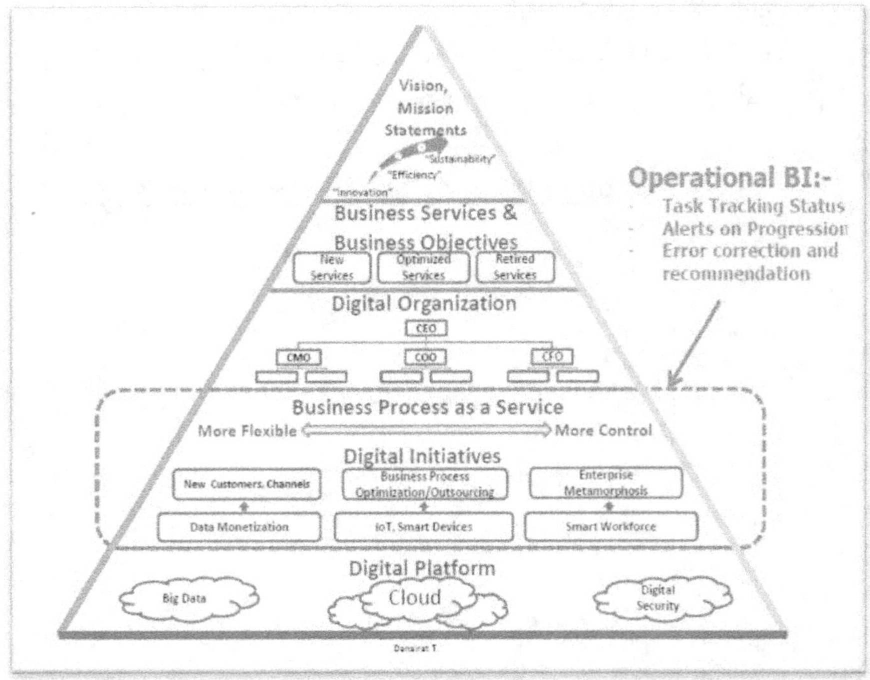

الشكل رقم (36) يبين إستخدام تقنية ذكاء الأعمال التشغيلية.
Enterprise Architecture, Danairat T.

تستخدم تقنية ذكاء الأعمال التشغيلية فى مستوى عمليات البيزنس كخدمة كما هو موضح فى الشكل رقم (36).

الغرض

‹ تتبع حالة المهام.

‹ تنبيهات عن تقدم الأعمال.

‹ تقارير تصحيح الأخطاء والتوصية بالتحسينات.

التنبيهات

• تكون التنبيهات للعملاء أكثر مرونة

• تكون التنبيهات لفريق عمليات الإنتاج أكثر أتمتة.

• تكون التنبيهات للمكاتب الإدارية (الموارد البشرية، وكشوف المرتبات، والمالية) أكثر قابلية للتدقيق.

48

<u>المفاضلة بين النظامين و الجمع بينهما فى مستوى المنصة الرقمية</u>
<u>نظام ذكاء الأعمال (بى آى)</u> (BI)

- يتم إختياره فى حالة الرضا الكامل عن نموذج أعمال المؤسسة و الهدف الرئيسى تحسين العمليات و زيادة الكفاءة و تلبية أهداف المؤسسة.
- يعتبر برنامج حلول مفيد للمديرين الذين يرغبون فى تحسين عملية صنع القرار و فهم العمليات الإنتاجية و التشغيلية و أداء العاملين فى المؤسسة.
- يعتمد على رصد بطاقات الأداء و تقارير المراقبة و التنبيهات.
- يعمل على تحسين الكفاءة التشغيلية والحفاظ عليها وتساعد الشركات على زيادة إنتاجيتها التنظيمية.
- يوفر العديد من الفوائد و القدرات القوية لإعداد التقارير وتحليل البيانات.

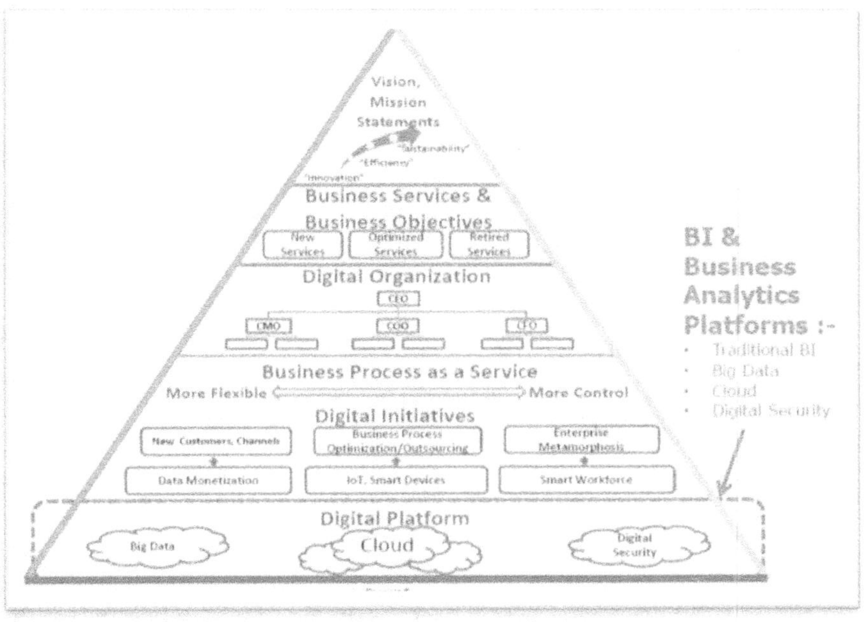

الشكل رقم (37) يبين مستوى المنصة الرقمية.
Enterprise Architecture, Danairat T.

<u>نظام تحليل الأعمال (بى إيه)</u> (BA)

- يتم إختياره فى حالة الرغبة فى تغيير نموذج أعمال المؤسسة و البحث عن بداية جديدة فعالة.
- يفيد البرنامج فى تحليلات الأعمال الجارية و و تحسينها و التنبوء باتجاهات الأعمال المتوقعة و المستقبلية لتحقيق القدرة التنافسية.
- يرصد النظام نقاط الضعف فى العمليات و يقدم حلولا لهذه المشكلات.

➤ يعتمد البرنامج على النماذج الإحصائية و التنبؤية المتقدمة و المحاكاة.

➤ يوفر إمكانيات تحليل و استخلاص البيانات النصية و الوسائط المتعددة.

أسلوب التحليل

- ماذا سيحدث؟
- ماذا لو حدث ولماذا؟
- النمذجة التنبؤية.
- المحاكاة والتحسين.
- نماذج إحصائية متقدمة
- استخراج البيانات (النصوص والوسائط المتعددة).
- علم البيانات.

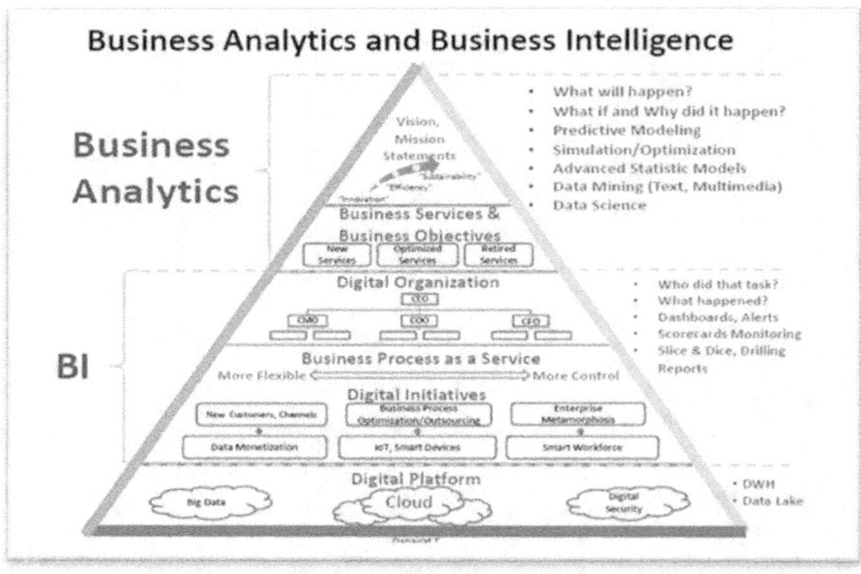

الشكل رقم (38) يبين تقنيات ذكاء الأعمال و تحليل الأعمال.

Enterprise Architecture, Danairat T.

مستودع البيانات التقليدي ومنصة ذكاء الأعمال

طبقة مصدر البيانات:

- تحديد البيانات التي سيتم تحميلها إلى النظام وتحليلها.
- الملفات النصية.
- معالجة البيانات عبر الإنترنت OLTP و قواعد و جداول البيانات.
- ملفات لغة التوصيف XML
- ملفات جافا سكريبت JSON

- بيانات المصدر مثل:
- نظام نقاط البيع بالتجزئة و مواقع الويب.
- نظام إدارة قواعد البيانات.

طبقة التجهيز واستخراج وتحويل وتحميل البيانات (ETL)

- أدوات لنقل البيانات إلى قاعدة بيانات التجهيز
- قاعدة بيانات التجهيز هي تخزين مؤقت يتم تحميله إلى DWH مستودع البيانات.
- يمكن أن تكون قاعدة بيانات التجهيز أداة/منصة إعداد تقارير تشغيلية.

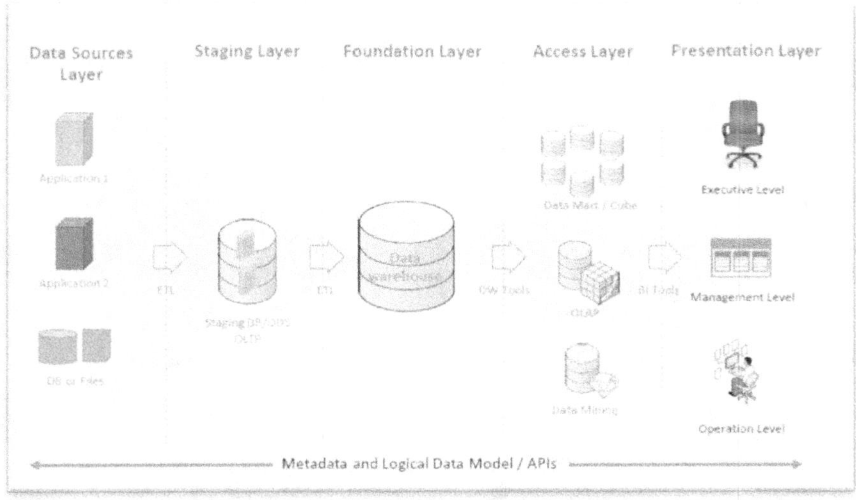

الشكل رقم (39) يبين طبقات مستودع البيانات.
Enterprise Architecture, Danairat T.

طبقة الأساس أو مستودع البيانات

- تستخدم لإعداد التقارير.
- قاعدة بيانات قابلة للتطوير لتخزين بيانات المؤسسة التاريخية.
- المعالجة التحليلية عبر الإنترنت.
- لا تستخدم لمعالجة المعاملات.

طبقة الوصول:-

- مستودع البيانات للاستعلامات السريعة للأعمال (مخطط نجمى).
- معالجة تحليلية عبر الإنترنت OLAP نموذج بيانات متعدد الأبعاد مما يسمح بإجراء استعلامات تحليلية معقدة و مخصصة مع وقت تنفيذ سريع.
- استخراج البيانات في الغالب يتم بتنسيق بيانات مهيكلة.

طبقة العرض:-

• جمع المتطلبات من وحدات الأعمال للعرض المرئى ونقاط اللمس.

• الحاجة إلى تحديد مصادر البيانات وطريقة تقديم النتائج.

• عرض لوحات معلومات المؤسسة والتقارير والتنبيهات و نتائج تحليل البيانات.

بنية البيانات

‹ أصبحت الشركات مهتمة بتطوير تكنولوجيا المعلومات لتصبح "متمحورة حول البيانات" من أجل تحقيق أقصى استفادة من قيمة البيانات.

‹ أصبحت البيانات موردًا مركزيًا للعمليات لمنحها معنى وقيمة تجارية ضخمة مما أحدث تغيرا كبيرا فى مفاهيم بنائية الشبكات والبيانات .

الشكل رقم(40) يبين مركزية البيانات فى بنية المؤسسات.

Cigref- Enterprise Architecture-2018

مركزية البيانات

‹ أصبحت مركزية على المستوى التصورى وفقا لإتقان بنائية التكنولوجيا التي تسهل ظهور قوة نماذج الأعمال الجديدة.

‹ تهتم وحدات الأعمال بشكل أساسي بكيفية تنظيم البيانات ومشاركتها وتحقيق أقصى استفادة منها والاستفادة من قيمتها المضافة.

- لم تعد الميزة التنافسية فى مجالات تكنولوجيا المعلومات مدفوعة في الغالب بعامل تكلفة التقنيات و الأدوات، بل بالقيمة التجارية للبيانات.

- لا يتعلق تحقيق الأهداف بتحسين التقنية و العمليات فقط بل يتعلق بتقنيات استخلاص القيمة من بنية فعالة "تتمحور حول البيانات".

احتياطات نظم البيانات

- البنية المؤسسية تعتمد على البيانات التي يتم جمعها ومعالجتها بواسطة واجهات قوية وآمنة (داخلية أو خارجية).

- تؤثر جميع التقنيات المبنية على البيانات (السحابة، وإنترنت الأشياء، والذكاء الاصطناعي، وما إلى ذلك) على بنية نظام المعلومات وتثير قلق جميع المشاركين في مجالات المؤسسات الرقمية.

- يجب على المؤسسات التكيف بشكل مستمر لتلبية الاحتياجات الجديدة التي تحركها تقنيات التحول الرقمى.

- يجب أن تضمن إدارة تكنولوجيا المعلومات بيانات جيدة الجودة وتقرر كيفية معالجتها، والحفاظ على مستوى عالٍ من الأداء مع ضمان أمان هذه البيانات.

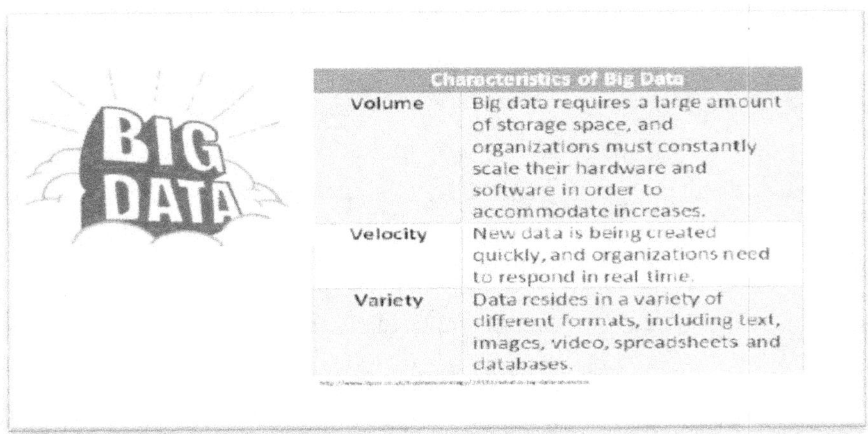

الشكل رقم(41) يبين مزايا تقنية البيانات الضخمة.
Enterprise Architecture, Danairat T

البيانات الضخمة Big data

- غالبًا ما تتطلب بنائية البيانات تنفيذ بنية تحتية مناسبة لالتقاطها وتخزينها وتحليلها واسترجاعها.

- نظرا لمضاعفة البيانات يجب أن يتم تأهيل البيانات وإلغاء البيانات المكررة فالتركيز أمر ضروري في كثير من الأحيان.

- ◄ لا يعتمد التقاط البيانات أو جمعها فقط على مصادرخارجية متعددة، مثل الكائنات المتصلة ولكن أيضًا على قواعد بيانات داخلية محددة أو غيرها من مصادر البيانات.

- ◄ تعدد المصادريعنى تعدد التنسيقات أيضًا، وبالتالي يتضمن التجميع معالجة أولية لتأهيل هذه البيانات وجعلها مفهومة وقابلة للاستخدام.

ظهرت تقنيات البيانات كخدمة Data as a Service (DaaS) و توجد مجموعة واسعة من نماذج معالجة البيانات ودمج مستودعات البيانات والتحليل وأدوات عديدة متاحة للتنافسية.

- ◄ **مشكلات تقنية البيانات الضخمة**

- ◄ تخزين البيانات الضخمة مشكلة رئيسية للبنى التحتية للبيانات:

- ◄ هل يجب اختيار تخزين داخلي للبيانات حتى تتمكن من الحفاظ على السيطرة.

- ◄ هل يتم الاستعانة بمصادر خارجية لعمليات التخزين الأكثر فعالية؟

- ◄ تعد مسألة ملكية البيانات والتحكم فيها أمرًا حيويًا وهذه الأسئلة محورية لمختلف القرارات الإستراتيجية المتعلقة بالبنية المؤسسية.

- ◄ بعض المؤسسات تدرك تماما عدم قدرتها على الحصول على التخزين اللازم وصيانة البنى التحتية ذات الصلة.

- ◄ **خصائص تقنية البيانات الضخمة**

- ◄ تتطلب البيانات الضخمة قدرا كبيرا من مساحة التخزين.

- ◄ يجب على المؤسسات توسيع نطاق أجهزتها و برامجها باستمرار لإستيعاب الزيادات.

- ◄ تحتاج المؤسسات إلى سرعة الإستجابة لإنشاء البيانات الجديدة.

- ◄ تتنوع مجموعات تنسيقات البيانات الضخمة فى مجالات النصوص و الصور و المرئيات و جداول و قواعد البيانات الخ.

تطبيقات البيانات الضخمة للمنصة التحليلية

دورة حياة مشروع البيانات الضخمة

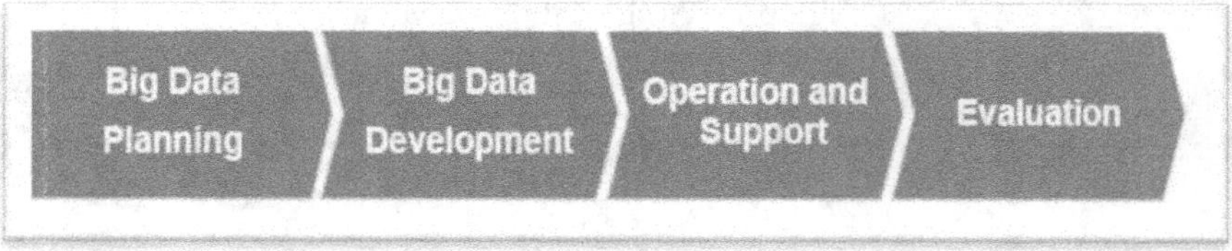

الشكل رقم (42) يبين دورة حياة مشروع البيانات الضخمة.
Enterprise Architecture, Danairat T

مرحلة تخطيط البيانات الضخمة

- تحديد المستخدمين المستهدفين.
- تحديد الفرص المستهدفة و القياسات الرئيسية.
- تحديد مصادر وأنواع البيانات.
- تحديد أساليب التقاط البيانات.
- تحديد معالجة البيانات وتخطيط أسلوب تصور العرض المرئى.
- تحديد منصة البيانات الضخمة.
- تحديد إجراءات أمن البيانات.
- تحديد حوكمة ومراقبة التغيير فى العمليات.
- تحديد هيكل الفريق
- تحديد المراحل والميزانية والتكاليف.

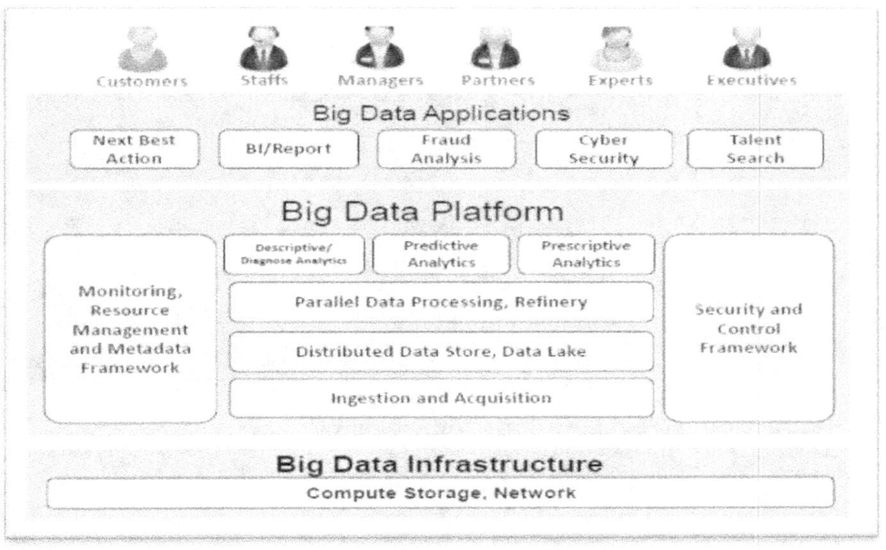

الشكل رقم (43) يبين مثال لمنصة البيانات الضخمة.

Enterprise Architecture, Danairat T

مرحلة تطوير البيانات الضخمة

- تطوير حالات الاستخدام.
- تطوير تعريف المتطلبات.
- تطوير إطار عمل حلول البيانات الضخمة.
- تطوير بيئة التطوير والاختبار.
- تطوير التقاط البيانات.

- تطوير التحليلات.
- دمج تصور العرض المرئى على الشاشة.
- إدارة الأصول والتكوين.

مرحلة التشغيل والدعم

- مراقبة توافر منصة البيانات الضخمة واستخدامها وتخطيط القدرات.
- إدارة مهام التشغيل (البرامج النصية الإدارية و الأوامر).
- تطوير نظام التقاط البيانات والترقية أو التصحيح أو التطوير.
- إدارة طلبات الخدمة والحوادث.
- إعدادات و تدريبات و ممارسات مسؤول إدارة النظام (admin).
- إعدادت و تدريبات مكتب المساعدة.
- إعدادات و تدريبات المستخدم النهائي (النتائج التحليلية).

مرحلة التقييم

- معدلات الاعتماد لكل نتائج التحليلات.
- عدد النتائج التحليلية المفقودة.
- عدد البيانات المفقودة.
- الساعات الضائعة في الشهر.
- متوسط وقت الإستجابة لكل نتيجة تحليلية.
- عدد حالات فشل النظام التكنولوجي شهريًا.
- تقييم مدى توافق العمليات مع السياسات.

طرق عرض تسليمات البيانات

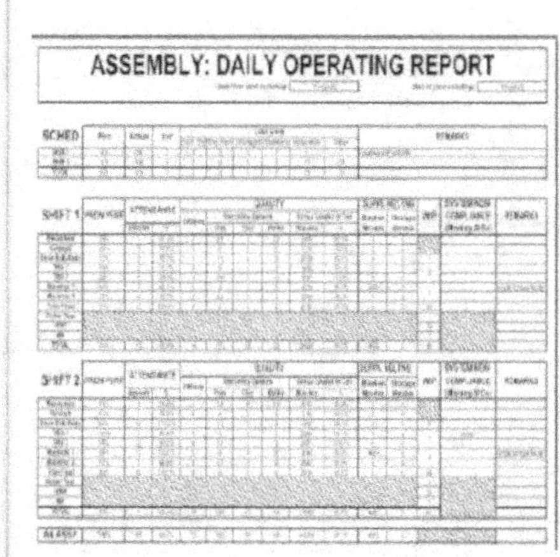
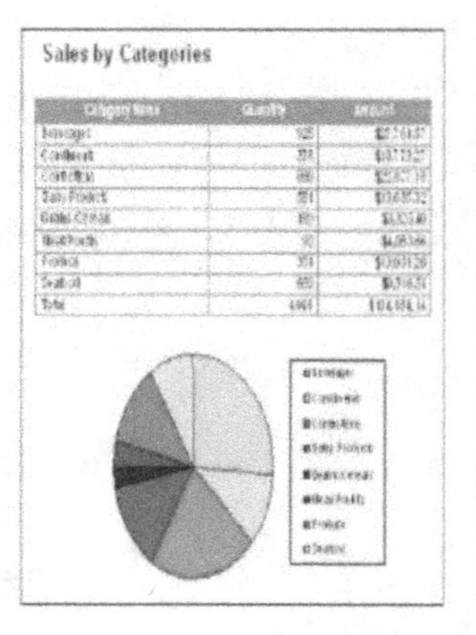

الشكل رقم (44) يبين أمثلة لطرق عرض تحليلات البيانات.
Enterprise Architecture, Danairat T

التحليلات الوصفية/التشخيصية

تصف ما يحدث في العمل و تعرض البيانات والمعلومات لوصف وضع الأعمال الجارية بطريقة تظهر الاتجاهات والأنماط والاستثناءات فى شكل التقارير والجداول و الخرائط ولوحات المعلومات البيانية و غير ذلك من آليات نظام إدارة المعلومات الإدارية.

التحليلات الإرشادية

هي مزيج مما سبق لتقديم إجابات على الأسئلة الإدارية الإستقصائية على سبيل المثال ما الذي يجب فعله للاحتفاظ بالعملاء الرئيسيين و كيف يمكن تحسين سلسلة التوريد الخاصة لتعزيز مستويات الخدمة مع خفض التكاليف الخ.

التحليلات التنبؤية

تجيب على أسئلة مثل ما المحتمل أن يحدث في المستقبل. و يتم استخدام نمذجة البيانات لتحديد الاحتمالات المستقبلية والتنبؤ بها.

نموذج مراحل نضج نظام البيانات الضخمة

تقرير مراقبة الأعمال

استخلاص جميع بيانات المعاملات بأقل مستويات التفاصيل.
دمج البيانات الاجتماعية للحصول على رؤى أفضل.

رؤى الأعمال

دمج البيانات غير المنظمة مع بيانات المعاملات التفصيلية المنظمة لإنتاج مقاييس وأبعاد جديدة يمكن من خلالها مراقبة العمليات الرئيسية وتحسينها.

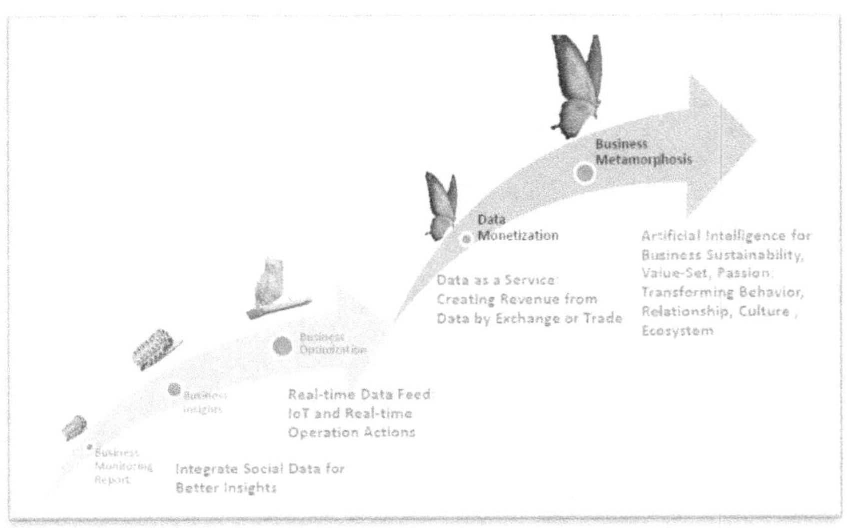

الشكل رقم (45) يبين مراحل نضج نظام البيانات الضخمة التحليلية.

Enterprise Architecture, Danairat T

تحسين الأعمال

الإستفادة من خلاصات البيانات في الوقت الفعلي Real-time أو زمن الوصول المنخفض لتسريع القدرة على تحديد الأعمال التجارية والسوق و الفرص والتصرف بناءً عليها في الوقت المناسب.

تغذية البيانات وإجراءات التشغيل في الوقت الفعلي Real-time باستخدام تقنية إنترنت الأشياء.

تقنية البيانات كخدمة

تحقيق الإيرادات من البيانات عن طريق التبادل أو التجارة.

تقنيات الذكاء الاصطناعي

استخدامات عديدة لاستدامة الأعمال و تجديد فئات القيمة و أساليب تخليق القيمة من عوامل الشغف و تغيير السلوك و العلاقات والثقافة و النظام البيئي.

التحليلات التنبؤية

يتم دمجها في العمليات التجارية الرئيسية للكشف عن الرؤى المدفونة في الكميات الهائلة من البيانات التفصيلية المنظمة وغير المنظمة.

قيام مستخدمي الأعمال بتجزئة و تقسيم البيانات وتقطيعها للكشف عن الرؤى يعمل بشكل جيد عند التعامل مع غيغابايت من البيانات ولكنه لا يعمل عند التعامل مع تيرابايت و بيتابايت من البيانات.

النظام البيئي الرقمي

هو مجتمع أعمال من المنظمات والأفراد الذين يتعاملون عبر نظام موزع ومتكيف ومفتوح واجتماعي وتقني بالتعاون والشفافية والتطور المستمر والتنظيم الذاتي وقابلية التوسع والاستدامة.

قيادة نماذج أعمال وعمليات وتفاعلات تجارية جديدة مبتكرة ذات معنى أكبر تحقق اتخاذ قرارات محسنة وسريعة ومؤسسة أكثر مرونة.

الفصل الخامس: الحوسبة السحابية

<u>تعريفات</u>

- الحوسبة السحابية هي نموذج لتمكين الوصول عبر الشبكة في أى مكان وبطريقة مريحة وعند الطلب إلى مجموعة خدمات مشتركة من موارد الحوسبة القابلة للتكوين (على سبيل المثال، الشبكات والخوادم والتخزين والتطبيقات والخدمات) والتي يمكن توفيرها وإصدارها بسرعة مع الحد الأدنى من الجهد الإداري أو تفاعل مزود الخدمة.

- معظم المؤسسات مجهزة بمراكز بيانات مخصصة ومقيدة ومدعومة، وبعض المؤسسات تخلصت منها أو على الأقل خفضت أعدادها عن طريق التحول إلى السحابة مع انتشار الخدمات المقدمة.

- تحدث ثورة الحوسبة السحابية على عدة مستويات ويجب أن يكون نظام تكنولوجيا المعلومات الآن جاهزًا للسحابة و لقد تحولت تصميمات بنائية تقنية البيانات لمعالجة هذا الأمر.

<u>تصميمات بنية البيانات الموزعة المناسبة للتحول</u>

- النوع الأول البنية الجاهزة للسحابة التى تستخدم أسلوب تخزين التعليمات البرمجية والتطبيقات فى حاويات وجعلها متنقلة في بنية هجينة.

- النوع الأخريستخدم أصلا البيئة السحابية الداخلية فيتم إعادة تصميم التعليمات البرمجية بحيث يمكن استخدام قوة السحابة الخارجية واستغلالها إلى أقصى حد.

<u>إحتياطات إستخدام السحابة</u>

- عند اتخاذ قرار الاختيارات السحابية يجب أخذ حجم الشركة و بياناتها وتعقيدها في الاعتبار عند تقديم تغيير جذري أو عمليات ترحيل بيانت مهمة.

- البنية التحتية تحتاج إلى مراجعة إما لإدارة السحابة الداخلية الخاصة بها أو لتكون قادرة على استخدام السحب الخارجية أو الهجينة.

- استخدام السحابة الخارجية يعنى فتح نظام المعلومات و يؤدي إلى قيود أخرى (تعاقدية و إدارية وأمنية كما أن تقنيات المؤسسة ليست دائمًا مناسبة للسحابة.

- التطبيقات السحابية تحرر إدارة تكنولوجيا المعلومات من إدارة طبقات البيانات فتتمكن فرق تكنولوجيا المعلومات من التركيز على بنيات الخدمات الجديدة والبيانات الضخمة التي سيتم تخزينها فى السحابة.

مزايا بنية الحوسبة السحابية

- الخدمة الذاتية عند الطلب.
- الوصول إلى الشبكة على نطاق واسع.
- تجميع الموارد.
- المرونة السريعة.
- مؤشرات أداء الخدمة مقاسة.

الذكاء الاصطناعي.

تعتمد بعض المؤسسات على الحلول التي تتضمن الذكاء الاصطناعي مثل:-

- تعمل خدمة العملاء المدعومة بالذكاء الاصطناعي على تحسين تجربة العملاء، وخفض تكاليف خدمة العملاء.
- يمكن أتمتة العمليات الروبوتية للقيام بالمهام المتكررة و الدردشة وتحليل البيانات و إدارة الحوادث مما يزيد الإنتاجية ويحسن الكفاءة.
- يمكن استخدام الذكاء الاصطناعي والأتمتة الذكية بشكل هجومي ودفاعي في مجال الأمن السيبراني.
- يمكن تكوين بنية تحتية قابلة للتركيب تستخدم خوارزميات بشكل ديناميكي حسب الحاجة.
- يمكن استخدام أخرى للذكاء الاصطناعي في تحسين الأداء.

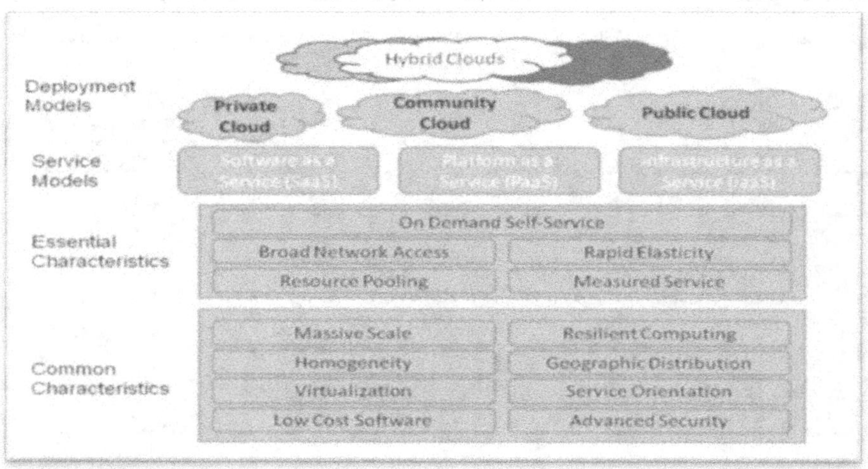

الشكل رقم (46) يبين تكنولوجيا الحوسبة السحابية.

Enterprise Architecture, Danairat T.

السحابة الخاصة

- تتم إدارتها من داخل المؤسسة وليست متاحة لعامة الناس و تدار من مراكز البيانات الداخلية.

- توفر العديد من الفوائد للمؤسسة مثل التحكم بشكل أفضل في الأمان وقيود الأجهزة والمتطلبات القانونية مما يجعلها مثالية للأتكنولوجياة ذات المهام الحرجة.

- قد لا توفر نفس فوائد قابلية التوسع والمرونة التي توفرها السحابة العامة ولكنها لا تزال تتمتع بمزايا توفير التكاليف.

السحابة العامة

- متاحة للعامة باستخدام نموذج المنفعة توفر خدمات الحوسبة السحابية بالمعنى السائد.

- يتم تقديم الخدمات من قبل موفر طرف ثالث عبر الإنترنت على أساس الدفع أولاً بأول أوعلى أساس الطلب.

- يواجه مستخدموها العديد من المخاوف المتعلقة بالأمان والخصوصية والنزاهة والتوافر المرتبطة بإعطاء معلومات حساسة لطرف خارجى.

السحابة الهجينة

- تتكون من مقدمي خدمات داخليين وخارجيين حيث يمكن الحفاظ على أتكنولوجياة المهام الحرجة تحت السيطرة في مراكز البيانات الداخلية بينما يمكن معالجة مشكلات قابلية التوسع والمرونة من خلال السحابة العامة.

أمثلة خدمات الحوسبة السحابية

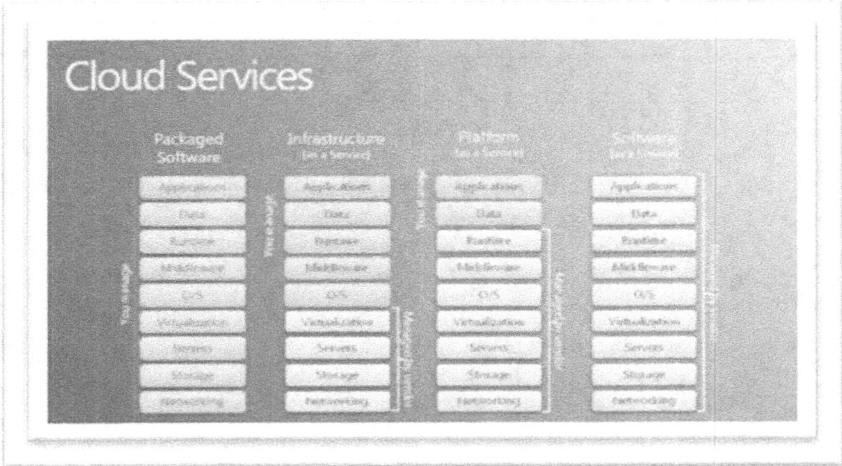

الشكل رقم (47) يبين قوائم خدمات الحوسبة السحابية.

Cloud Architecture and Management-M.I.Deen.

البنية التحتية كخدمة (IaaS) للأجهزة الافتراضية

- تقديم البنية التحتية للكمبيوتر (وحدة المعالجة المركزية والتخزين والنسخ الاحتياطي والشبكة) كخدمة.

- خدمة IaaS تخصص و توفر وصولاً كاملاً لأجهزة افتراضية في مركز بيانات مزود خدمات السحابة تعمل بنظام التشغيل.

- يجب تحديد نوع الأجهزة الإفتراضية VM بناءً على متطلبات التطبيقات.

- يجب تحديد المواصفات المناسبة المثالية للخدمات مثل الغرض العام / العمليات الحسابية / الذاكرة / التخزين الأمثل و نسبة وحدة المعالجة المركزية/ذاكرة الوصول العشوائي، وأداء التخزين، وتوافر وحدة معالجة الرسومات الخ.

النظام الأساسي كخدمة (PaaS)

- مجموعة من واجهات برمجة التطبيقات المحددة جيدًا والتي يقدمها موفر السحابة للمطورين لتنفيذ التطبيقات في بيئة موفر السحابة و تعنى PaaS أيضًا توفير بيئة تطوير واختبار عبر السحابة لمجموعة من المطورين.

- استضافة التطبيقات مثل خوادم الويب/التطبيقات المُدارة بواسطة موفر الخدمة السحابية.

- يختار المطور نظام تنفيذ البرامج المطلوب Runtime system (‎.NET، PHP، Java إلخ.) ثم ينشر تطبيقه باستخدام طريقة النشر المدعوم و يقدم الدعم المشترك للتكامل المستمر والنشر ودعم قابلية التوسع الرأسي والأفقي (قياس تلقائي).

- يقوم موفر السحابة بتوفير وإدارة البنية التحتية للحوسبة بأسلوب الحاويات المدارة لنشر وتشغيل التطبيقات في الحاويات ويقوم المطور بإنشاء حاوية Docker تحتوى التطبيق ويخزنها في سجل الحاوية ثم يتم تنتفيذ الخدمة بتنزيل حاوية التطبيق وتشغيلها.

أبرز مقدمى الخدمات السحابية العامة

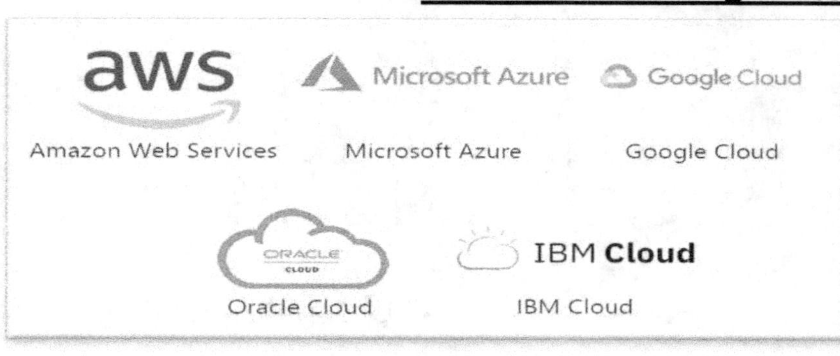

مصطلحات بنية خدمات الحوسبة السحابية

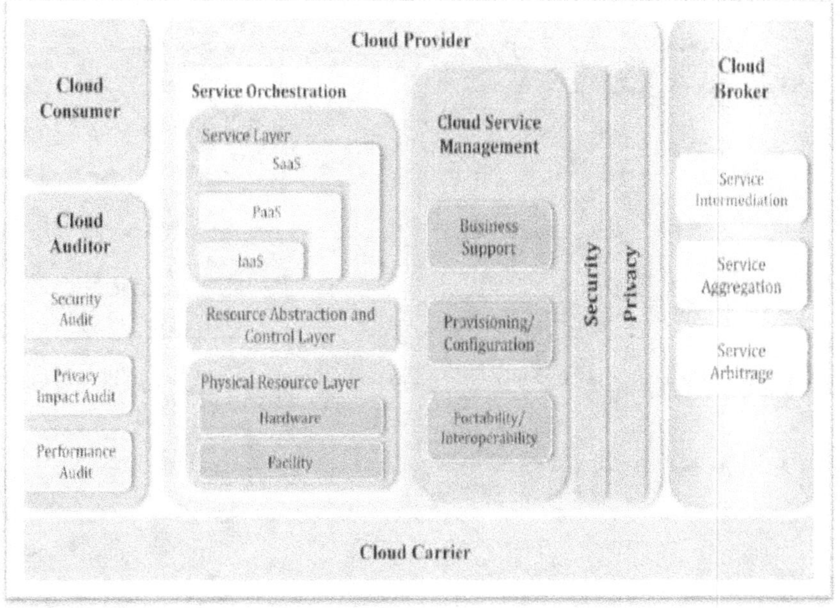

الشكل رقم (48) يبين نموذج بنية NIST لخدمات الحوسبة السحابية.

Cloud Architecture and Management-M.I.Deen

مدقق الخدمة السحابية

يمكنه إجراء فحص مستقل لضوابط الخدمة السحابية بقصد إبداء الرأي. يقوم بعمليات التدقيق للتحقق من التوافق مع المعايير بمراجعة الأدلة الموضوعية.

وسيط الخدمات السحابية

يدير استخدام الخدمات السحابية وأدائها وتقديمها، ويتفاوض بشأن العلاقات بين موفري الخدمة السحابية ومستهلكي الخدمة السحابية. القدرات الرئيسية التي يقدمها وسطاء الخدمة السحابية هي: إعداد الخدمة السحابية، وتقييم جاهزية السحابة، وترحيل التطبيقات والبيانات، وتقييم قدرات موفر الخدمة السحابية.

مستهلك الخدمة السحابية

صاحب المصلحة الرئيسي الذي يحتفظ بعلاقة عمل مع مزود الخدمة السحابية ويستخدم الخدمة منه.

مطور الخدمة السحابية

يقوم بتطوير الجوانب الفنية والتجارية لعرض الخدمة السحابية، واقد يكون جزءًا من مؤسسة مستهلك الخدمة السحابية أو موفر الخدمة السحابية.

يستفيد مطور الخدمة السحابية من أدوات التطوير والتشغيل لتطوير وتكوين خدمة أو مجموعة من الخدمات.

مزود الخدمة السحابية

كيان مسؤول عن إتاحة الخدمة السحابية للأطراف المعنية.

إمكانيات الحوسبة السحابية

قابلية النقل Portability

تشير قابلية النقل إلى نقل النظام السحابي أو الموارد من موقع أو بنية تحتية إلى أخرى مع الحد الأدنى من المشكلات.

تتطلب إمكانية النقل مراجعة شاملة لتحديات النقل مثل تكامل النظام الأساسي، وقابلية التشغيل التوافقي بين المكونات، وقدرات سلسلة أدوات النظام الأساسي.

إمكانية نقل البيانات

- تتيح إعادة استخدام مكونات البيانات عبر تطبيقات مختلفة.
- توفر درجة السهولة في نقل البيانات والبيئة عند تغيير موردى SaaS.
- اتفاقيات مستوى الخدمة والترتيبات التجارية هي محور التركيز.

إمكانية نقل التطبيق

تتيح إعادة استخدام مكونات التطبيق عبر خدمات PaaS السحابية ومنصات الحوسبة التقليدية.

التحديات/الاعتبارات

- نقل تطبيق المؤسسة من مزود PaaS إلى مزود PaaS آخر لأسباب تتعلق بالتكلفة/الأداء.
- يلتزم التطبيق والمنصة بالواجهة القياسية.

إمكانية نقل مصدر النظام الأساسي

إعادة استخدام مكونات النظام الأساسي عبر الخدمات السحابية IaaS والبنية التحتية غير السحابية.

إمكانية نقل الصور الآلية

إعادة استخدام الحزم التي تحتوي على التطبيقات والبيانات مع الأتكنولوجياة الأساسية الداعمة لها.

<u>Docker</u>

- عبارة عن حاوية مصممة مبنية بشكل جيد للغاية توفر إمكانية نقل بيانات و تطبيقات أفضل من السحابة إلى السحابة وإدارة عبء العمل.
- يمثل أساسًا رائعًا لبناء أتكنولوجياة موزعة قائمة على السحابة والتي يمكن نقلها بشكل أسهل بكثير من أحمال العمل السحابية الأخرى.

<u>قابلية التشغيل التوافقى Interoperability</u>

تشير قابلية التشغيل التوافقى إلى قدرة الأتكنولوجياة السحابية أو الحاسوبية المختلفة على التفاعل مع بعضها البعض من خلال تقنيات وواجهات مستقرة.انية التشغيل التوافقى للتطبيقات

- ✓ قد يكون مكون التطبيق تطبيقًا متجانسًا كاملاً أو جزءًا من تطبيق موزع.
- ✓ إمكانية التشغيل التوافقى بين بيئة تكنولوجيا المعلومات التقليدية فى المؤسسة وبين مكونات التطبيقات التى:
  - تم نشرها فى تطبيقات كخدمة كـ SaaS
  - التطبيقات التي تستخدم فى خدمة PaaS
  - التطبيقات على الأتكنولوجياة الأساسية التي تستخدم IaaS

<u>إمكانية التشغيل التوافقى للمنصة</u>

إمكانية التشغيل التوافقى بين بيئة تكنولوجيا المعلومات التقليدية للمؤسسة أو على أجهزة العميل و بين مكونات النظام الأساسي التي يمكن نشرها:
كمنصات على خدمة PaaS وكمنصات على خدمة IaaS

<u>إمكانية التشغيل التوافقى للإدارة</u>

إمكانية التشغيل التوافقى بين الخدمات السحابية (SaaS أو PaaS أو IaaS) والبرامج المعنية بتنفيذ الخدمة الذاتية عند الطلب.

<u>قابلية التشغيل التوافقى لاقتناء البرامج العامة</u>

- إمكانية التشغيل التوافقى بين الأتكنولوجياة الأساسية والتي تتضمن خدمات PaaS ومتاجر التطبيقات وApp Marketplace
- قد تلجأ الواجهات القياسية لهذه المتاجر أن تقلل من تكلفة الحوسبة السحابية موفري البرامج والمستخدمين.

<h1 style="text-align:center">الفصل السادس: التحول المؤسسي</h1>

تعريف

في مجال الأعمال وتكنولوجيا المعلومات تم اعتماد العديد من المفاهيم لمعالجة ووصف جوانب معينة من ظاهرة التحول الرقمي بما في ذلك الرقمنة والرقمنة و الأعمال الرقمية تحدثنا عنها فى الفصول السابقة.

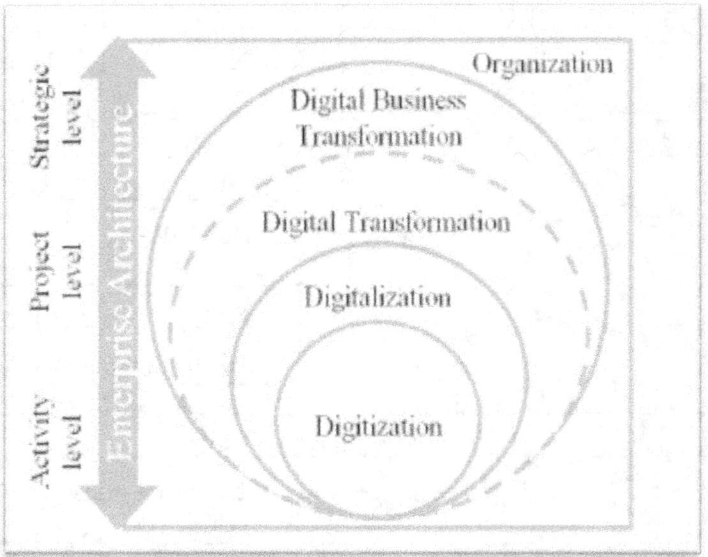

الشكل رقم (49) يبين مفاهيم التحول الرقمى فى سياق البنية المؤسسية.
Enterprise Architecture Framework, Daniel F. Rozo , 2020.

التحول الرقمى و البنية المؤسسية

- فرض التحول الرقمى على المؤسسات إعادة تحديد الرؤية والمهام والخدمات وتحويل فكر المؤسسة ومراجعة العمليات التجارية مع السياسات ذات الصلة واعتماد تقنيات جديدة في أعمال متعددة الوظائف.

- أصبحت البنية المؤسسية تصميم هيكلي لضمان التوافق بين استراتيجيات الأعمال وتكنولوجيا المعلومات ونموذج التشغيل والمبادئ التوجيهية.

برنامج التحول المؤسسى Enterprise Transformation

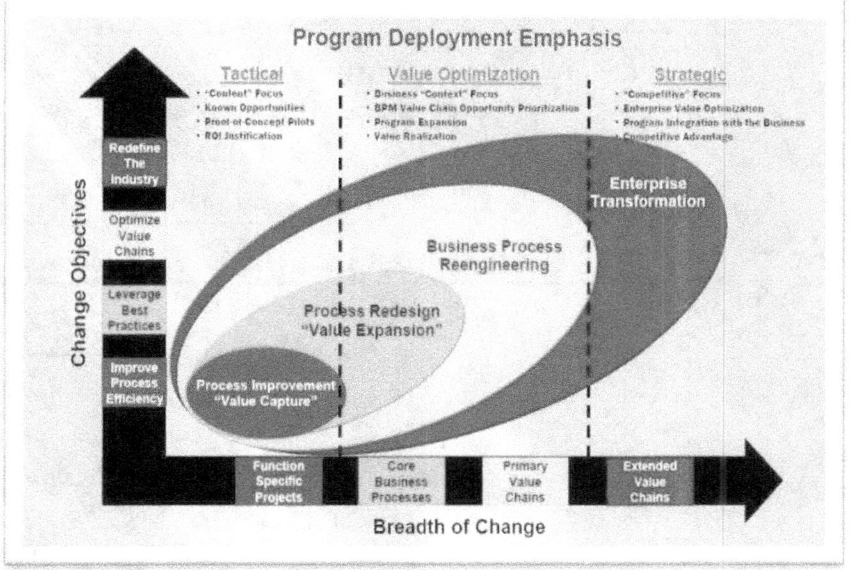

الشكل رقم(50) يبين برنامج التحول المؤسسى.
Enterprise Architecture, Danairat T.

المرحلة الأولى التكتيكية

- بدء التغيير بمشاريع محددة جيدا وظيفيا.
- مستوى تغيير الأهداف تحسين كفاءة العملية.
- التركيز على المحتوى و الفرص المعروفة و إثبات المفاهيم..
- ناتج المرحلة تحسين العمليات وتحديد القيمة و تبرير عائد الإستثمار.

مرحلة تحسين القيمة

- نمو التغيير مرحلة أولى العمليات التجارية الأساسية.
- مستوى تغيير الأهداف الإستفادة من أفضل الممارسات.
- نمو التغيير مرحلة ثانية سلاسل القيمة الأولية.
- مستوى تغيير الأهداف تحسين سلاسل القيمة.
- التركيز على سياق الأعمال
- تحديد أولويات فرص سلسلة القيمة
- توسيع البرنامج و تحقيق القيمة.
- ناتج المرحلة الأولى إعادة تصميم عملية إتساع القيمة.
- ناتج المرحلة الثانية عملية إعادة هندسة الأعمال.

المرحلة الإستراتيجية

➢ نمو التغيير سلاسل القيمة الموسعة.

➢ إرتفاع مستوى تغيير الأهداف إلى إعادة تعريف الصناعة.

➢ التركيز التنافسي و تحسين قيمة المؤسسة.

➢ تكامل البرنامج مع الميزة التنافسية للأعمال.

➢ ناتج المرحلة التحول المؤسسي.

نموذج التحول المؤسسي

مرحلة البداية نظام تقليدي بنائية الصومعة (الحالة الجارية)

➢ صوامع تكنولوجيا المعلومات المحلية.

➢ مصممة لحجم الحمل الأقصى.

➢ من الصعب قياسها.

➢ من الصعب إجراء التغييرو التطوير.

➢ مكلفة للإدارة.

➢ كثرة المخاطر التي يسببها التعقيد.

مرحلة التوحيد القياسي

➢ نظم و تقنيات موحدة.

➢ تصميم الواجهات و الأنظمة.

➢ انخفاض تكاليف الترخيص والدعم.

➢ زيادة الاستفادة من مهارات تكنولوجيا المعلومات.

➢ تقليل وقت و تكاليف و مخاطرمشروع تكنولوجيا المعلومات.

مرحلة تحسين الأداء.

➢ تعظيم الإستفادة من تجميع الموارد.

➢ جهود و إمكانيات موحدة.

➢ إنتاجية أفضل.

➢ جودة خدمة أعلى.

➢ تحسين مرونة تكنولوجيا المعلومات.

➢ تحسين الأمن والإدارة.

مرحلة النمطية المؤسسية (الحالة المستقبلية).

➢ التزويد السريع.

➢ تكاليف أقل.

➢ تكنولوجيا المعلومات باعتبارها عملًا تجاريًا.

➢ تحول أسرع للمشروع وتركيز أكبر على الأعمال.

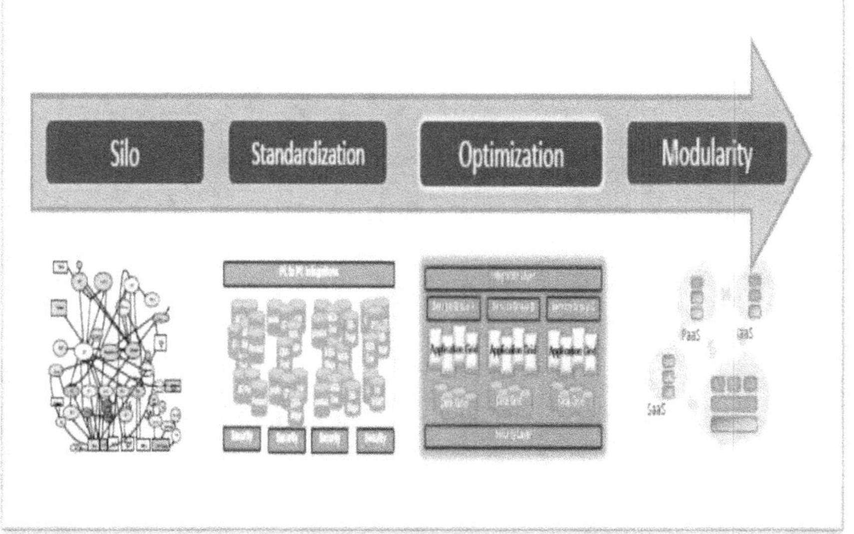

الشكل رقم (51) يبين مراحل التحول المؤسسى.
Enterprise Architecture, Danairat T.

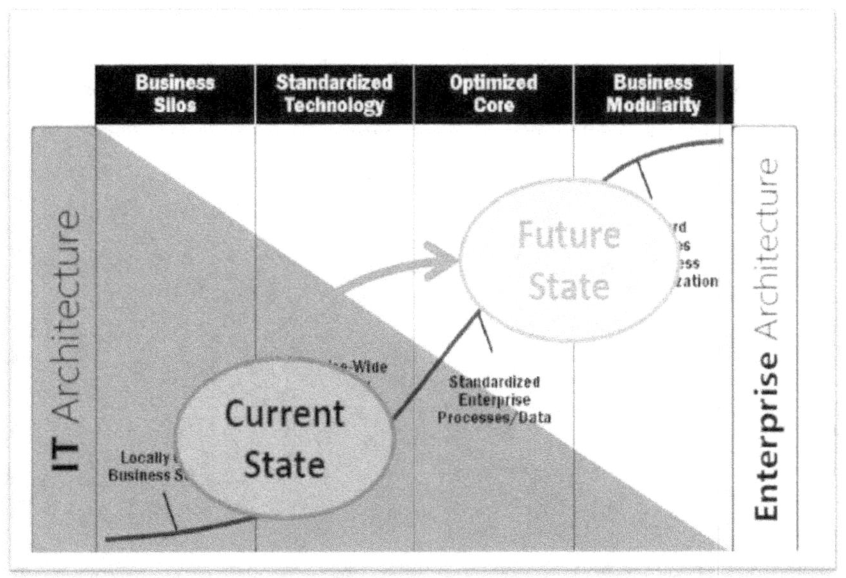

الشكل رقم (52) يبين مخطط التحول المؤسسى.
Enterprise Architecture, Danairat T.

عوامل إنشاء البنية المؤسسية

1) تسريع تحول الأعمال.
2) قيادة الابتكار "الاستراتيجي".
3) تطبيقات إعادة هندسة المؤسسة (الهندسة العكسية).
4) إدارة التعقيد.
5) إدارة التغيير.
6) إدارة الرشاقة البنائية (أجيليتي).
7) تقليل الوقت اللازم للتسويق.
8) الحوكمة وإدارة المخاطر والامتثال.
9) تحسين العمليات التجارية.
10) مواءمة تكنولوجيا المعلومات مع الأعمال.

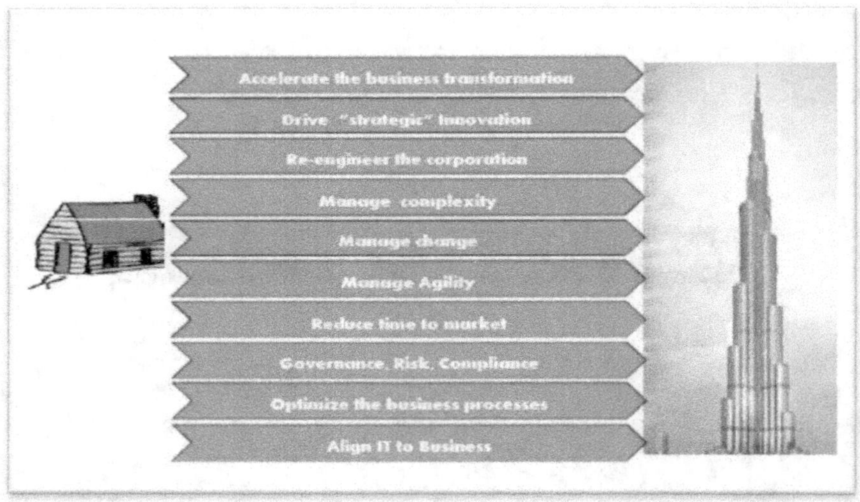

الشكل رقم (53) يبين عوامل إنشاء البنية المؤسسية.
Enterprise Architecture, Danairat T.

تسريع تحول الأعمال.
➤ العب من أجل الفوز.
➤ العب حتى لا تخسر.

قيادة الابتكار "الاستراتيجي"
➤ المشاركة في خلق قيمة فريدة مع العملاء.
➤ البلوكات الأساسية للإنشاء المشترك.
➤ (D-A-R-T) الحوار-الوصول-تقييم المخاطر -الشفافية.
➤ (D-A-R-T) Dialogue-Access-Risk Assessment-Transparency

عناصر خبرة الابتكار

- منح العميل القدرة على التفاعل مع بيئات الخبرة على أي مستوى مرغوب.
- القابلية للتوسعة واستكشاف كيف يمكن للتقنيات أو القنوات الجديدة أو طرق التسليم الجديدة أن تتيح للعملاء تجربة طرق متطورة جديدة.
- الربط بين الأحداث التى تتصل بطرق متعددة من وجهة نظر المستهلك.
- قابلية التطورو التعلم من تجارب الإنشاء المشترك واستخدامها في تطوير بيئات الخبرة لتشكيلها وفقًا لاحتياجات العملاء وتفضيلاتهم.

تعريف الهندسة العكسية

إعادة التفكير الأساسية والتصميم الجذري لعمليات الأعمال لتحقيق تحسينات جذرية في مقاييس الأداء الحاسمة مثل التكلفة وجودة الخدمة والسرعة.

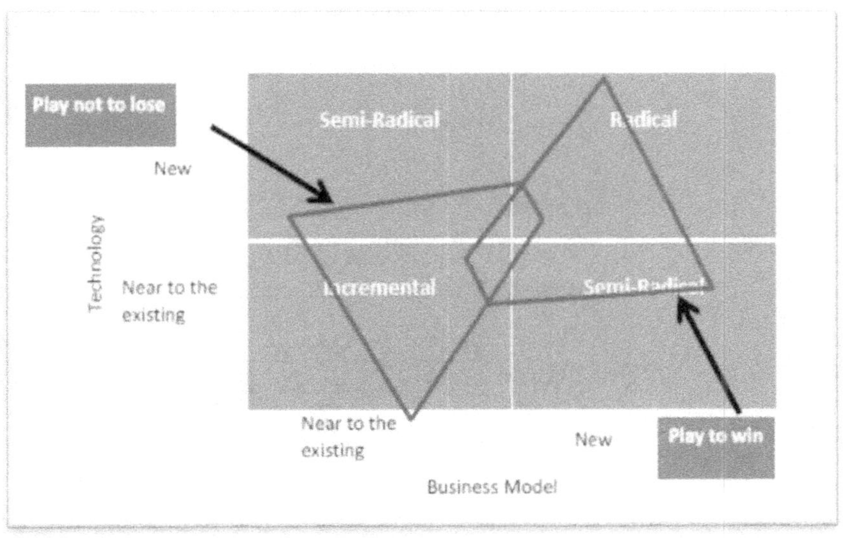

الشكل رقم (54) يبين أنواع الإبتكار الإستراتيجى.
Enterprise Architecture, Danairat T.

المكونات الرئيسية لتنفيذ الأعمال

نموذج التشغيل

المستوى الضروري لتكامل عمليات الأعمال والمستوى الضروري لتوحيد عمليات الأعمال.

البنية المؤسسية

النماذج المرجعية، العلاقات، نموذج النضج مع مبادئ التوجيه لمواءمة الأعمال وتكنولوجيا المعلومات.

نموذج المشاركة

عملية التنمية والحوكمة وإدارة المشاريع والنماذج المرجعية والمصنوعات البرمجية و المبادئ التوجيهية.

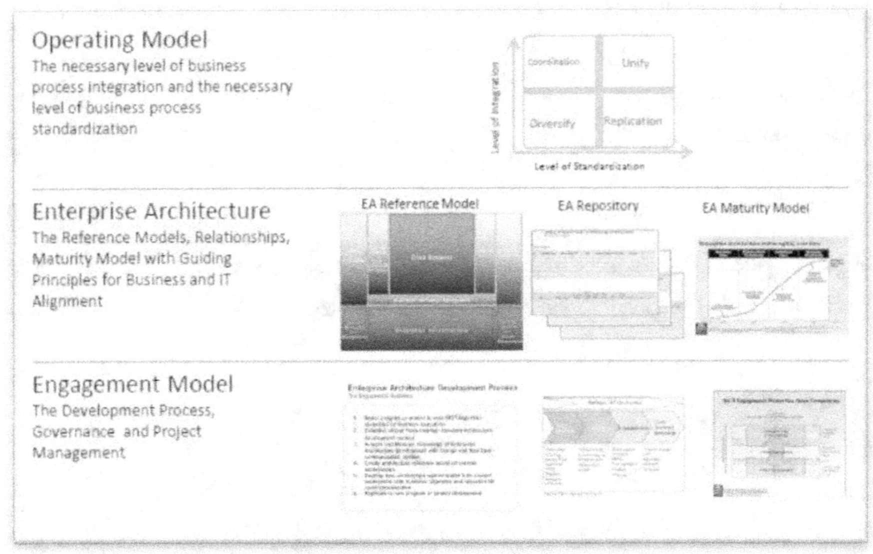

الشكل رقم (55) يبين مكونات تنفيذ الأعمال.
Enterprise Architecture, Danairat T.

المصنوعات أو القوالب البرمجية Artifacts

تعريف القوالب و المصنوعات البرمجية Artifacts

- المصنوعة هي واحدة من أنواع عديدة من المنتجات الثانوية الملموسة التي يتم إنتاجها أثناء تطوير البرمجيات.

- تساعد بعض عناصر المصنوعات (مثل حالات الاستخدام ومخططات الفئات ونماذج لغة النمذجة الموحدة (UML) والمتطلبات ووثائق التصميم) في وصف وظيفة البرنامج وبنيته وتصميمه.

- بعض المصنوعات الأخرى تعنى بعملية التطوير نفسها مثل خطط المشاريع، وحالات العمل، وتقييمات المخاطر.

خريطة استراتيجية الأعمال

الشكل رقم (56) يوضح قالب استراتيجية المؤسسة.

- خريطة استراتيجية الأعمال هي تمثيل مرئي لاستراتيجية المؤسسة.

- توضح كيف تخطط المؤسسة لتحقيق رسالتها ورؤيتها عن طريق سلسلة مترابطة من التحسينات المستمرة.

كيفية استخدام خريطة القالب أو Artifact

تصف خريطة استراتيجية أعمال المؤسسة من أربع إتجاهات:

- المنظور المالي
- منظور العملاء
- منظور العملية الداخلية (التجارية).
- منظور التدريب و التعلم والنمو.

الشكل رقم (56) يبين مثال لقالب مصنوع Artifact لخريطة إستراتيحية العمل.
Enterprise Architecture, Danairat T.

أبعاد نموذج التشغيل المؤسسي

يبين الشكل رقم (57) رسم تخطيطى لأبعاد و عناصرنموذج التشغيل المؤسسى.

المحور الأفقى
مستوى توحيد العمليات التجارية.

المحور الرأسى
مستوى تكامل العمليات التجارية

العناصر الأربعة
التوحيد و التنسيق.
التكرار و التنوع.

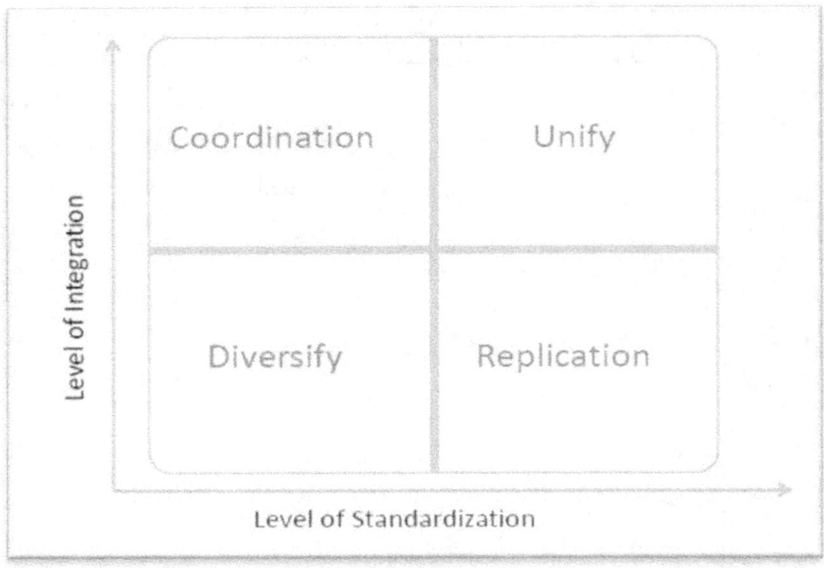

الشكل رقم (57) يبين أبعاد نموذج التشغيل المؤسسى.
Enterprise Architecture, Danairat T.

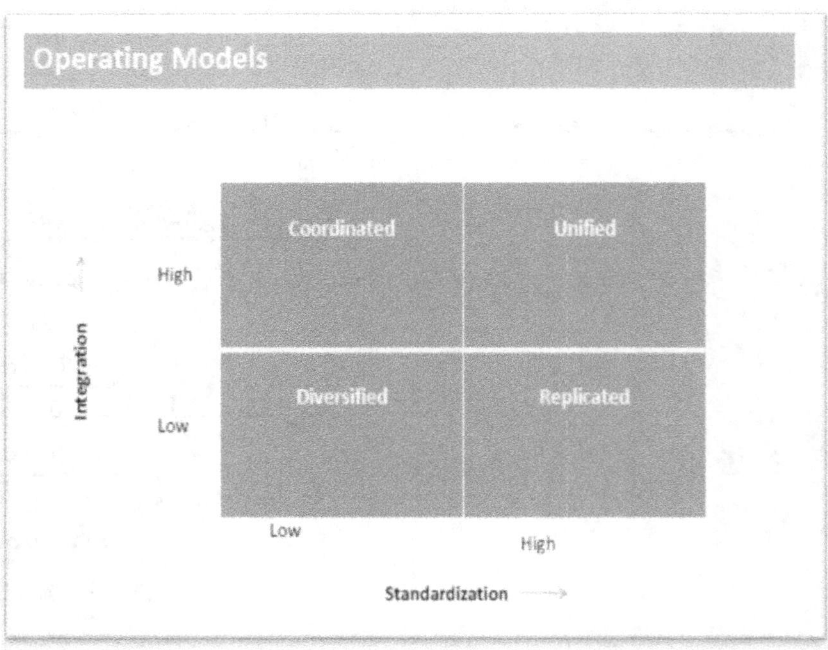

الشكل رقم (58) يبين مستويات نموذج التشغيل المؤسسى.
TOGAF® Standard Courseware V9.2 Edition

إدارة عمليات الأعمال (BPM)

نهج إداري يركز على مواءمة جميع جوانب المؤسسة.

يعزز فعالية الأعمال وكفاءتها مع السعي لتحقيق الابتكار والمرونة والتكامل مع التكنولوجيا.

أهداف عمليات إدارة الأعمال

كفاءة

• أتمتة الخطوات وعمليات التسليم.

• دمج الأنظمة ومصادر البيانات.

امتثال

• تحقيق المقاييس وإثبات الإلتزام بالمعايير.

خفة الحركة

• تغيير العمليات بسرعة وسهولة

الرؤية

• معرفة ما يحدث في العملية

التحول إلى التخليق المشترك للقيمة

هدف التفاعل

المشاركة في خلق القيمة من خلال تجارب الخلق المشترك المقنعة، وكذلك استخلاص القيمة الاقتصادية.

مكان التفاعل

مرارا وتكرارا، في أي مكان، وفي أي وقت في النظام.

علاقة الشركة مع المستهلك

مجموعة من التفاعلات والمعاملات التي تركز على سلسلة من تجارب الإبداع المشترك.

أسلوب الاختيار

تجارب التخليق المشترك بناءً على التفاعلات عبر قنوات وخيارات ومعاملات متعددة وعلاقة السعربالخبرة.

نمط التفاعل بين الشركة والمستهلك

نمط نشط يبدأ من الشركة أو من المستهلك، واحدًا لواحد أو واحد لكثير.

التركيز على الجودة

جودة تفاعلات الشركة ـ المستهلك وجودة خبرات الإبداع المشترك.

نظام المعلومات المتمركز على الخبرة

إتجاه زيادة تعقيد التفاعل بين المدير والنظام من أسفل إلى أعلى.

المستوى الأول: إدارة جودة الخبرة

التركيز على مدير الخط و خبرة الأعمال وتسهيل تجارب الإبداع المشترك.

المستوى الثانى: مراقبة النشاط التجارى

تحليل الأعمال: مراقبة وتحليل وفهم الأنشطة التجارية.

المستوى الثالث: إدارة العمليات التجارية

الاستجابة الروتينية: الإجراءات القائمة على القواعد والتقارير الآلية.

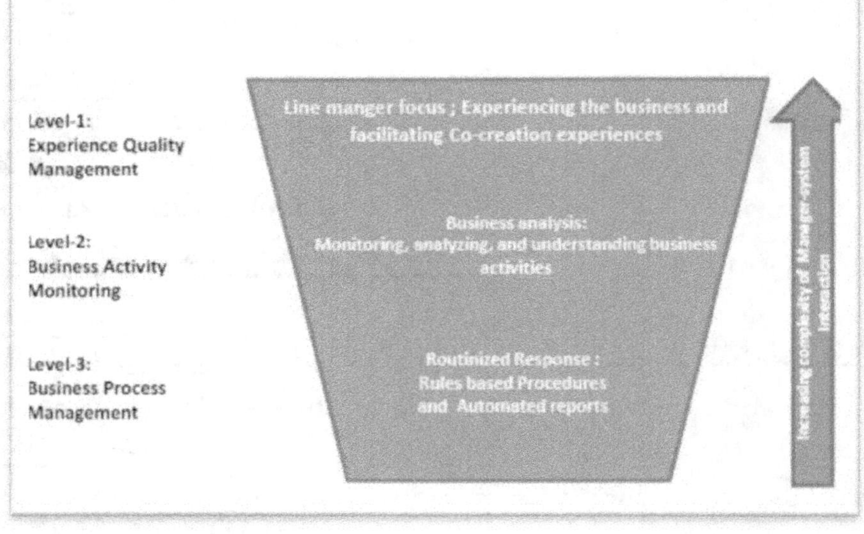

الشكل رقم (59) يبين مستويات التفاعل بين خبرة المدير و النظام.

Enterprise Architecture, Danairat T.

إدارة أخطاء التعقيد الإدارى

أخطاء التعقيد الإدارى

- ➤ تعدد العروض المختلفة.
- ➤ تعدد المهام في العملية.
- ➤ زيادة الفرصة للأخطاء.
- ➤ الاختلاف في وقت المعالجة.
- ➤ وقت و زمن الإعداد.
- ➤ وقت و زمن المعالجة.
- ➤ التقلب في الطلبات.

قواعد إدارة التعقيد الإدارى

- تخلص من التعقيد الذي لن يدفع العملاء مقابله.
- استغلال التعقيد له ثمن.
- يجب تقليل تكاليف التعقيد المفروض.
- يجب تغيير مجموعة العروض الحالية.
- تحسين ربحية العروض الحالية.
- تقليل التعقيد الداخلي.

إدارة الرشاقة الإدارية Agility

تعريف الرشاقة الإدارية

- القدرة على تطوير استراتيجية وخطة وتنفيذ وتشغيل قدرات العمل على النحو الأمثل لإدارة التغييرات بشكل استباقي.
- أنواع التغييرات تغييرات الأعمال و التغييرات التكنولوجية.

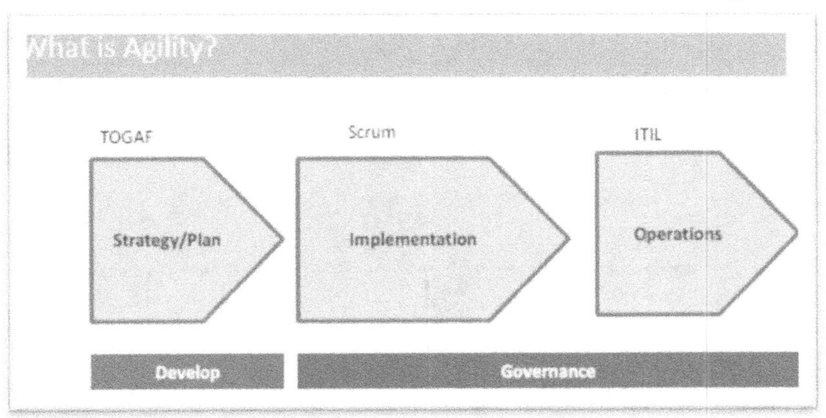

الشكل رقم (60) يبين مسار نظم الرشاقة الإدارية Agility.
Enterprise Architecture, Danairat T.

أنظمة تطوير البرمجيات (أجايل)

الشكل رقم (60) يبين أشهر أنظمة و أطر عمل تحقق الرشاقة البرمجية أجايل.

تخطيط واستراتيجية (توجاف).

تنفيذ و تطوير(سكرم).

تشغيل و تحكم (أيتل).

سمات أنظمة أجايل

المرونة -التحكم فى التكاليف- سرعة الاستجابة-الجودة- قابلية إعادة الاستخدام.

عوامل تؤثر فى أنظمة أجايل

رؤية-نضج- ابتكار- البيئة-التعقيد-المنطق-التحكم و الحوكمة.

77

<u>أجايل و رؤية المؤسسة</u>

> ➤ تحديد ما يجب القيام به أثناء التقدم.
> ➤ إمتلاك رؤية واضحة.
> ➤ التحرك نحو الرؤية بشكل أسرع وأرخص وأفضل.
> ➤ مواجهة العديد من العقبات و التحديات.
> ➤ تحديد وربط مستويات الرؤية المختلفة.

<u>أجايل و نضج المؤسسة</u>

يجب أن تتمتع المؤسسة بما يكفي من النضج لتكون مرنة.

يجب أن تتمتع المؤسسات الكبيرة بمستوى نضج 3 على الأقل.

يجب أن تتمتع المنظمات الصغيرة بمستوى نضج 2 على الأقل.

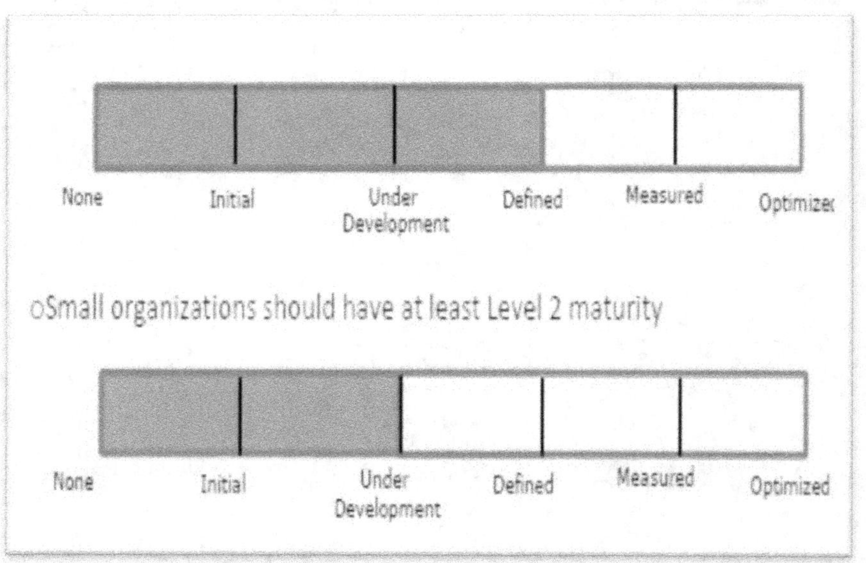

الشكل رقم (61) يبين مستويات نضج المؤسسات.
Enterprise Architecture, Danairat

الفصل السابع: البنية المؤسسية

البنية المؤسسية

- تعتبر المنطق التنظيمي للأعمال وأنظمة المعلومات والتكنولوجيا من أجل مراجعة وصيانة ومراقبة العملية الكاملة للمؤسسة.
- بنية متكاملة تشمل جميع أنظمة المعلومات الخاصة بها ومجالًا محددًا عبر مجموعات وظيفية متعددة.
- الهدف الرئيسي للبنية المؤسسية هو تحديد وتحقيق الأهداف والغايات الحالية والمستقبلية من خلال مواءمة وظائف أعمال المؤسسة مع وظائف تكنولوجيا المعلومات والاتصالات.

قيمة البنية المؤسسية

- السبب الرئيسي لامتلاك بنية مؤسسية هو توفير تصميم شامل ورفيع المستوى للمؤسسة.
- بنية المؤسسة توفر الهيكل الذي تتوافق معه جميع مشاريع المؤسسة.
- يعبر عن المبادئ البنائية لرؤية طويلة المدى.
- توصيل رؤية تصميم النظام واستراتيجية المؤسسة لأصحاب المصلحة.
- مساعدة الإدارة على تخطيط وإدارة واستخدام موارد المؤسسة بشكل فعال.
- المساعدة في ضمان الامتثال القانوني والتنظيمي.

التعقيدية ما قبل البنية المؤسسية

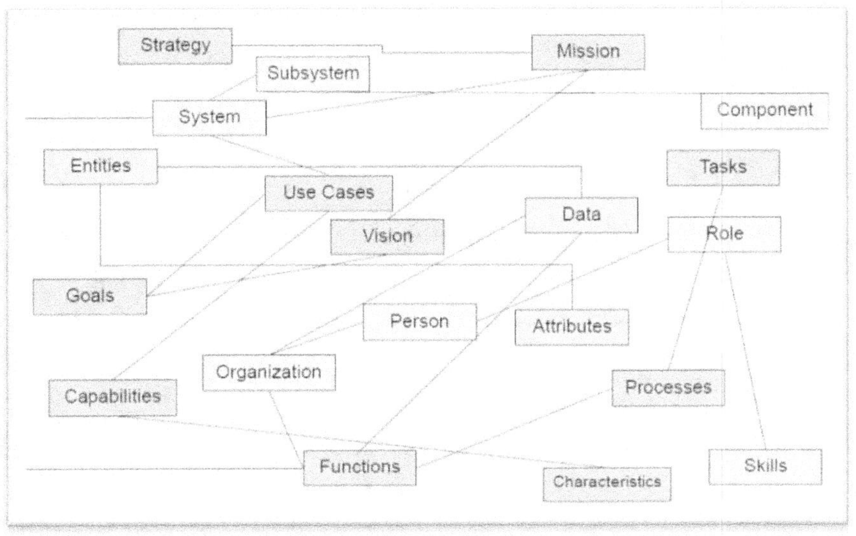

الشكل رقم (62) يبين تعقيدية ما قبل البنية المؤسسية.

Enterprise Architecture, Dr. Adnan Albar.

البنية المؤسسية تنظم التعقيدية

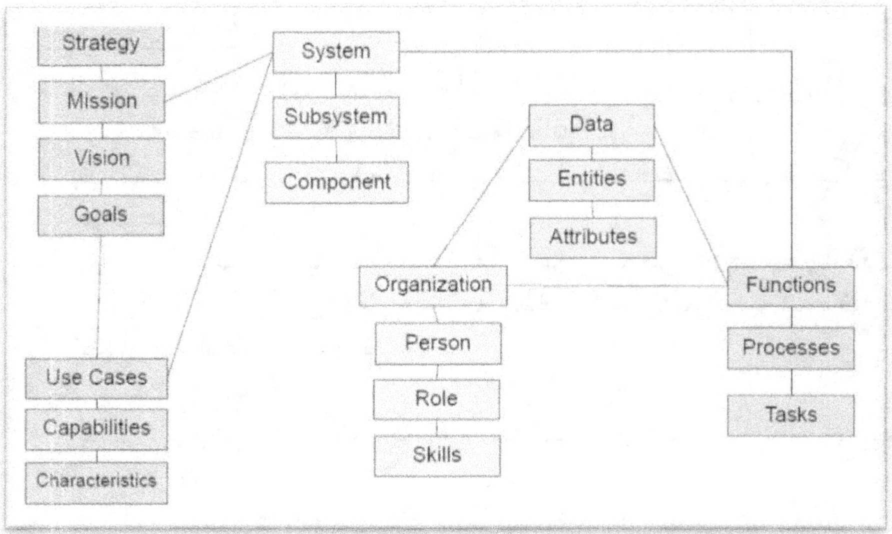

الشكل رقم (63) يبين تنظيم التعقيدية بعد البنية المؤسسية.
Enterprise Architecture, Dr. Adnan Albar.

إختيار نموذج بنية مرجعية لتطوير البنية المؤسسية

- استخدام بنية مرجعية كنقطة انطلاق للتصميم و الإنشاء.
- إختيار بنية مرجعية تصف مجموعة منظمة من النماذج التي تمثل بشكل متكامل البلوكات الأساسية للنظام في مجال محدد مستهدف.
- تجسد النماذج المرجعية إعادة استخدام المعرفة التي تم جمعها على نطاق واسع من العديد من المشاريع الهندسية للمؤسسات.

قائمة أشهر النماذج المرجعية للبنية المؤسسية

إطار زاخمان Zachman's Framework

تم تطوير النسخة الأصلية في IBM كإطار عمل لتكنولوجيا المعلومات لمساعدة العملاء على فهم مشروعات نظام المعلومات، وتم توسيعها لتشمل المؤسسة بأكملها، وتستخدم كأساس لبنيات المؤسسات الحكومية

البنية المؤسسية الفيدرالية Federal Enterprise Architecture

قام مجلس مديري تكنولوجيا المعلومات، الذي تم تشكيله من قبل مديري تكنولوجيا المعلومات في الوكالات الحكومية الكبرى، بتطوير إطار عمل البنية المؤسسية الفيدرالية للحكومة الفيدرالية الأمريكية.

إصدار إطار عمل TOGAF لبنية المؤسسات

إطار عمل بنائى قياسي للصناعة يمكن استخدامه مجانا من قبل أي مؤسسة تقوم بتطوير بنية مؤسسية للاستخدام داخلها.

سيموزا CIMOSA

تم إنشاؤه بواسطة اتحاد الأبحاث الأوروبي لأنظمة التصنيع.

إطار عمل ARIS

تم إنشاؤه في ألمانيا وهو من المبادئ التي اعتمدتها مؤسسة SAP.

ماذا يوجد في البنية المؤسسية؟

- تحتوي بنية المؤسسة على: قرارات على مستوى بنية المؤسسة عالية المستوى تحدد وجهات النظر والمستويات المجردة وجهات النظر الشائعة عن المعلومات والعمليات و المؤسسات.

- تؤكد البنية المؤسسية على تكامل وجهات النظر فى تعريف المصطلحات والمبادئ البنائية.

محتويات إطار عمل البنية المؤسسية

- تعريف البنية المؤسسية.

- شرح الأسباب التجارية والتقنية التي تجعل المؤسسة ترغب في تطوير البنية

- وصف ما تحتويه بنية المؤسسة وتقديم بعض الأمثلة.

- وصف ومقارنة البنى المرجعية المختلفة وكيفية استخدامها لاستخلاص بنى المؤسسة.

- وصف ما يجب أن تحتويه بنية المؤسسة.

بنية البيزنس و بنية تكنولوجيا المعلومات

أهداف البنية المؤسسية

- التخطيط المؤسسي.
- وصف الحالة الحالية والمستقبلية لهيكل المؤسسة.
- المواءمة بين تكنولوجيا المعلومات والأعمال.
- الروابط بين المنتجات و الخدمات التجارية / التكنولوجيا.
- رؤية الأعمال والقياس.
- تقديم قدرات تغيير صديقة مرنة .
- القدرة على التكيف والمرونة من أجل التغيير المستمر.

مسؤوليات البنية المؤسسية

- فهم احتياجات العمل والقيود التكنولوجية.
- تسهيل عمل الخبراء لتحقيق أهداف المؤسسة.
- تعزيز البنية التحتية والتطبيقات المشتركة.
- إدارة المخاطر المرتبطة بالمعلومات وتكنولوجيا المعلومات.
- بناء معارف ومهارات الموظفين في مجالات محددة.
- المشاركة في المعايير والمبادئ التوجيهية للسياسة.

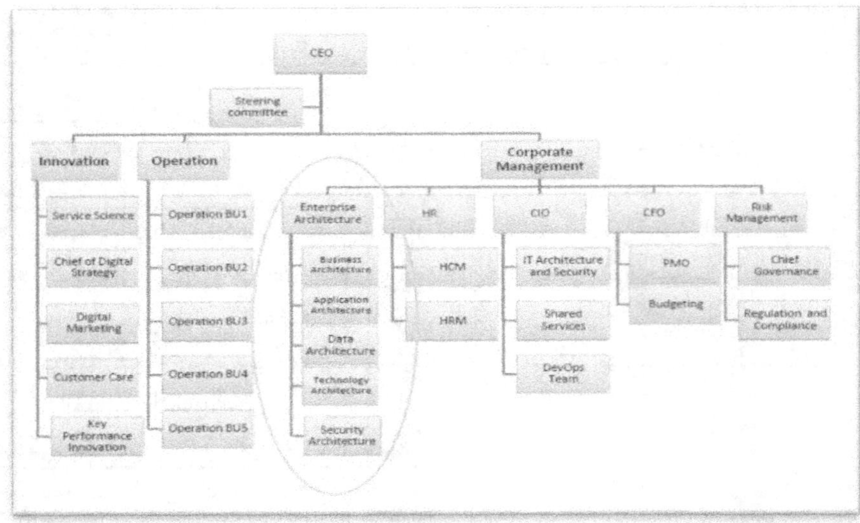

الشكل رقم(64) يبين الهيكل التنظيمى للمؤسسة الرقمية و البنية المؤسسية.

Enterprise Architecture, Danairat T.

مزايا البنية المؤسسية

الإنتاجية
➢ أداء أسرع في بناء خدمة جديدة من سجل مخزون تكنولوجيا المعلومات.

الابتكار
➢ يمكن للمؤسسة إنشاء ابتكار جديد باستخدام مستودع مركزي للبنائيات المؤسسية.

توفير التكاليف
➢ توفير التكاليف من خلال قابلية إعادة إستخدام العمليات والتطبيقات والبيانات والبنية الأساسية.

تقليل المخاطر
➢ يحكم البنية المؤسسية تحليل تأثير التغيير عند نشر الخدمات الجديدة.

إنشاء منصة رقمية
➢ توفر البنية المؤسسية أساسًا لتنفيذ الأعمال الرقمية والسحابية والبيانات الضخمة والشبكات الاجتماعية والمتنقلة والقوى العاملة الذكية.

أنواع البنائيات

بنائية الأعمال
➢ إنشاء نموذج تشغيل الأعمال و خدمات الأعمال والتنظيم و سياسة العملية التجارية.

بنائية الحلول

➤ إنشاء نظام معلومات متكامل.

بنائية التطبيقات

➤ إنشاء نقاط اتصال التطبيقات مع تدفقات شاشات العرض ونشر تقارير النتائج.

بنائية البيانات

إنشاء نموذج بيانات سواء البيانات المهيكلة أو غيرها وإطار الحوكمة.

بنائية التكنولوجيا و البنية التحتية

➤ إنشاء البنية التحتية الرقمية والمكاتب الذكية وتشمل الشبكة والأتمتة المكتبية واللاسلكية والتخزين والحوسبة السحابية والبيانات الضخمة والبنية التحتية الأمنية.

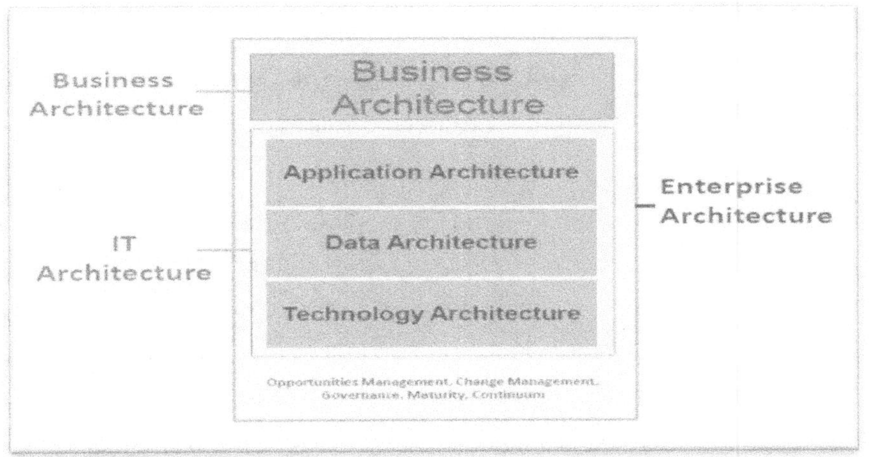

الشكل رقم(65) يبين مكونات البنية المؤسسية.
Enterprise Architecture, Danairat T.

إنشاء البنية المؤسسة

➤ تحديد البرنامج أو المشروع للبدء (ليس عالي المخاطر).

➤ إنشاء فريق افتراضي للحفاظ على طريقة تطوير البنية القياسية.

➤ اكتساب والحفاظ على معرفة تطوير بنية المؤسسة باستخدام نظام الاتصالات للتغيير والفيدباك (التغذية الراجعة).

➤ إنشاء مرجع للبنية المؤسسية بناءً على النشر الحالي.

➤ تطوير نموذج جديد متعدد الطبقات للبنية بدءا من النشر الحالي مع مراعاة التوافق مع ومحاذاة الأعمال ودورة حياة التشغيل.

➤ تكرار تطوير البرنامج أو المشروع الجديد.

الهيكل التنظيمي للبنية المؤسسية (EA)

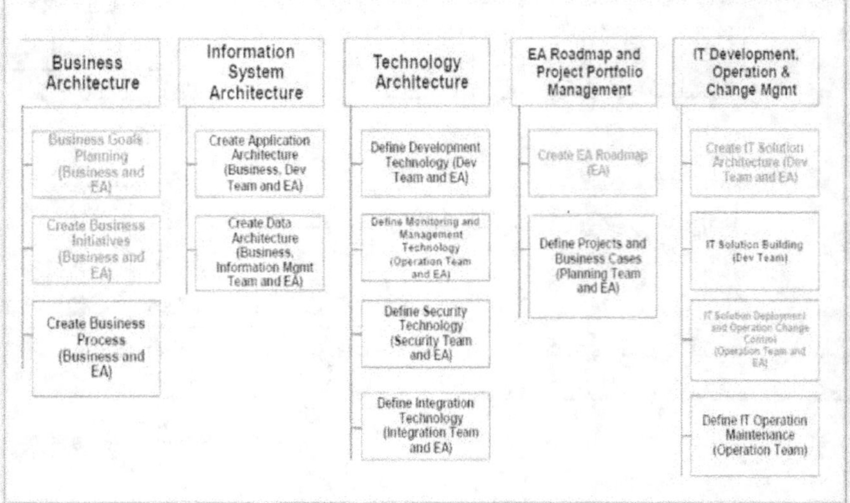

الشكل رقم (66) يبين هيكل تنظيمي للبنية المؤسسة.

Enterprise Architecture, Danairat T.

بنية الأعمال

> ﺗﺨﻄﻴﻂ أهداف العمل (الأعمال وEA)

> إنشاء مبادرات الأعمال (الأعمال وEA)

> إنشاء عملية الأعمال (الأعمال وEA)

بنية نظم المعلومات

> إنشاء بنية التطبيقات (الأعمال وفريق التطوير وEA)

> إنشاء بنية البيانات (فريق إدارة الأعمال والمعلومات وEA)

بنية التكنولوجيا

> تعريف تقنية التطوير (فريق التطوير وEA)

> تعريف تكنولوجيا المراقبة والإدارة (فريق العمليات وEA)

> تعريف تقنية الأمان (فريق الأمان وEA)

> تعريف تقنية التكامل (فريق التكامل وEA)

خريطة طريق EA وإدارة محافظ المشاريع

> إنشاء خريطة طريق (EA)

> تحديد المشاريع وحالات العمل (فريق التخطيط وEA).

إدارة تطوير وتشغيل وتغيير تكنولوجيا المعلومات.

> إنشاء بنية حلول تكنولوجيا المعلومات (فريق التطوير وEA).

> بناء حلول تكنولوجيا المعلومات (فريق التطوير).

➤ نشر حلول تكنولوجيا المعلومات والتحكم في تغيير العمليات (فريق العمليات وEA)

➤ تعريف صيانة عمليات تكنولوجيا المعلومات (فريق العمليات).

مبادئ البنية المؤسسية

أولوية المبادئ

تنطبق مبادئ إدارة المعلومات على جميع الإدارات داخل المؤسسة.

تعظيم الفائدة للمؤسسة

يتم اتخاذ قرارات إدارة المعلومات لتوفير أقصى فائدة للمؤسسة ككل.

إدارة المعلومات هي عمل الجميع

تشارك جميع الإدارات في المؤسسة في وضع و تطبيق سياسات إدارة المعلومات اللازمة لتحقيق أهداف العمل.

استمرارية الأعمال

يتم الحفاظ على استمرارية عمليات المؤسسة الأساسية عند حدوث طوارئ وفقا للتدابير و الإجراءات و الإحتياطات اللازمة.

تطبيقات الاستخدام المشترك

يُفضل تطوير التطبيقات المستخدمة عبر المؤسسة على تطوير التطبيقات المشابهة أو المكررة أو التي يتم توفيرها من الخارج أو لمؤسسة معينة فقط.

الامتثال للقانون

تتوافق عمليات إدارة معلومات المؤسسة مع جميع القوانين والسياسات واللوائح ذات الصلة.

مسؤولية تكنولوجيا المعلومات

تعتبر إدارة تكنولوجيا المعلومات مسؤولة عن امتلاك وتنفيذ عمليات تكنولوجيا المعلومات والبنية التحتية التي تمكن من تلبية المتطلبات المحددة للمستخدم فيما يتعلق بالوظائف ومستويات الخدمة والتكلفة وتوقيت التقديم.

حماية الملكية الفكرية

يجب حماية الملكية الفكرية للمؤسسة و أفرادها ويجب أن تنعكس هذه الحماية في عمليات هندسة تكنولوجيا المعلومات وتنفيذها وإدارتها.

البيانات هي أحد الأصول

البيانات هي أصل له قيمة للمؤسسة ويتم إدارته وفقًا لذلك و كل إدارة مسئولة عن برامج الحفاظ على الأصول و منها البيانات و الوثائق و المستندات.

مشاركة البيانات

يمكن للمستخدمين الوصول إلى البيانات اللازمة لأداء واجباتهم ولذلك تتم مشاركة البيانات عبر المنصة لجميع وظائف المؤسسة و الإدارات المختلفة وفقا للصلاحيات و المزايا الوظيفية لحاجة العمل.

الوصول إلى البيانات
البيانات متاحة للمستخدمين لأداء وظائفهم وفقا لسياسات الإستخدام.

أمين البيانات
المسؤول عن جودة البيانات وفقا لقواعد تصنيف وحفظ و صيانة البيانات لكل عنصر بيانات فى إدارة عمل تخصصية.

تعريفات البيانات و المفردات الشائعة
يتم تعريف البيانات بشكل متسق في جميع أنحاء المؤسسة، وتكون التعريفات مفهومة ومتاحة لجميع المستخدمين.

أمن البيانات
حماية البيانات من سوء الاستخدام والدخول غير المصرح به وفقا لتصنيف الأمن القومي و حماية معلومات اتخاذ القرار والبيانات الحساسة والمعلومات الخاصة بالملكية.

الاستقلال التكنولوجي
التطبيقات مستقلة عن اختيارات تقنية محددة، وبالتالي يمكن أن تعمل على مجموعة متنوعة من منصات التكنولوجيا.

سهولة الاستعمال
التطبيقات سهلة الاستخدام و تتميز التكنولوجيا الأساسية بالشفافية للمستخدمين، حتى يتمكنوا من التركيز على المهام بسهولة و بساطة.

التغيير على أساس المتطلبات
يتم إجراء تغييرات على التطبيقات والتكنولوجيا استجابة لاحتياجات العمل فقط.

إدارة التغيير
يتم تنفيذ التغييرات في بيئة معلومات المؤسسة في الوقت المناسب.
يتم التحكم في التنوع التكنولوجي لتقليل التكلفة و للحفاظ على الخبرة.

التوافقية
يجب أن تتوافق البرامج والأجهزة مع المعايير المحددة التي تعزز إمكانية التشغيل التوافقى للبيانات والتطبيقات بين تقنيات مختلفة.

الفصل الثامن: نموذج توجاف للبنية المؤسسية

تعريف

The Open Group Architecture Framework (TOGAF).9.2 توجاف

- ⟩ إطار عمل بنية المجموعة المفتوحة TOGAF نهج شامل لهندسة معلومات المؤسسة.
- ⟩ هو أسلوب رفيع المستوى وشامل للتصميم يتضمن التخطيط و التنفيذ والحوكمة (التحكم و السيطرة).
- ⟩ علامة تجارية مسجلة لشركة The Open Group في الولايات المتحدة.

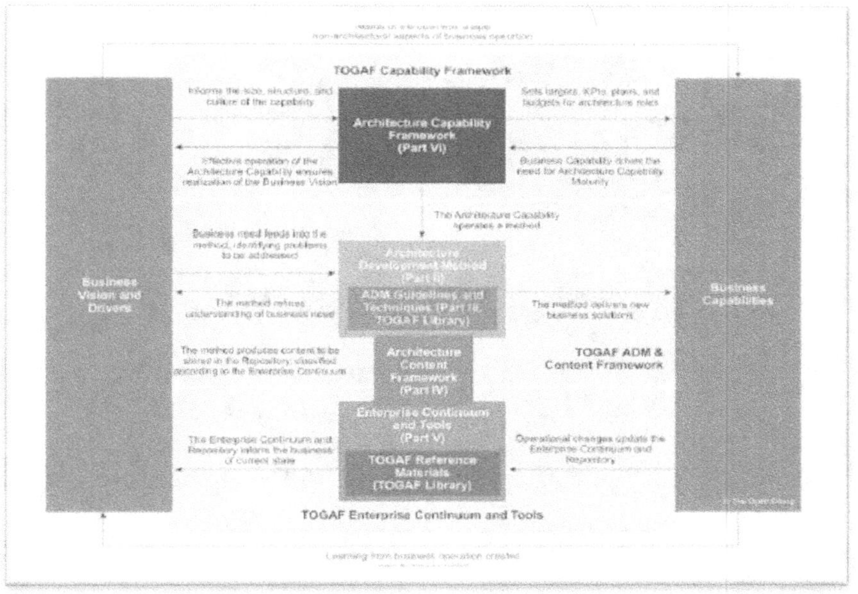

الشكل رقم (67) يبين نموذج إطار عمل توجاف.
The TOGAF® Standard, Version 9.2.

نبذة عن المجموعة المفتوحة The Open Group

المجموعة المفتوحة The Open Group هي إتحاد عالمي غايته تحقيق أهداف العمل من خلال معايير التكنولوجيا.

ينضم لعضويتها المتنوعة أكثر من 500 منظمة تشمل العملاء وموردي الأنظمة والحلول والأدوات والبائعين والتكامليين والأكاديميين والاستشاريين فى مجالات وصناعات متعددة.

مكونات نموذج توجاف

يحتوي نموذج توجاف TOGAF على المكونات الرئيسية التالية:
إطار قدرات الأعمال (فى الجانب الأيمن).
إطارمحركات و رؤية الأعمال (فى الجانب الأيسر).
<u>أولا:إطار القدرة البنائية</u> Architecture Capability Framework

يتضمن التنظيم والعمليات والمهارات والأدوار والمسؤوليات المطلوبة لإنشاء وتشغيل وظيفة الهندسة البنائية داخل المؤسسة.

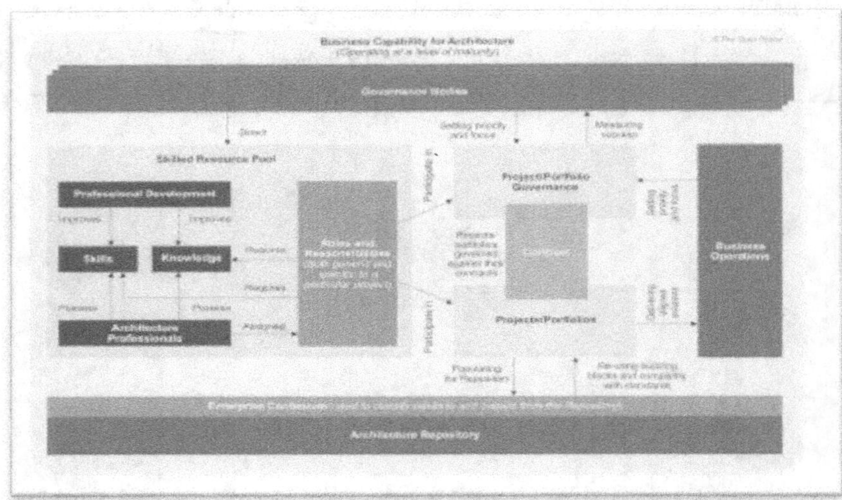

الشكل رقم (68) يبين تفاصيل إطارة القدرة البنائية.
TOGAF® Standard Courseware V9.2 Edition

يعتبر إطار القدرة البنائية كيان تشغيلي يوفر إرشادات حول إنشاء ممارسة تشغيلية للبنية المؤسسية تتضمن الإمكانيات و القدرات التالية:

- ⮞ الإدارة مالية.
- ⮞ ادارة الأداء.
- ⮞ إدارة الخدمات.
- ⮞ إدارة المخاطر.
- ⮞ إدارة الموارد.
- ⮞ الاتصالات وإدارة أصحاب المصلحة.
- ⮞ إدارة الجودة.
- ⮞ إدارة الموردين.
- ⮞ إدارة التكوين.
- ⮞ إدارة البيئة.

إطار TOGAF لإدارة مهارات البنائية

- ➤ يعد أمرًا ضروريًا لضمان مواءمة مهارات الموظفين وخبراتهم مع المهام البنائية التي ترغب المؤسسة في تنفيذها.
- ➤ تقديم تعريفات للمهارات البنائية والكفاءة والمستويات المطلوبة من الموظفين الداخليين أو الخارجيين، الذين يتعين عليهم القيام بأداء الأدوار المختلفة المحددة في بنائية إطار TOGAF.

فوائد استخدام إطار المهارات البنائية

وتشمل الفوائد المحددة المتوقعة ما يلي:

- ➤ تقليل الوقت والتكلفة والمخاطر في تدريب وتوظيف وإدارة المتخصصين في بنائية المؤسسة داخليًا وخارجيًا.
- ➤ تقليل الوقت والتكلفة لإعداد ممارسة البنية الداخلية.
- ➤ تقليل الوقت والتكلفة والمخاطر المتعلقة بتطوير الحلول الشاملة.

هيكل إطار المهارات البنائية

يوفر إطار مهارات البنائية TOGAF بيان مستويات الكفاءة لأدوار محددة داخل فريق بنية المؤسسة.

يحدد الإطار ما يلى:

- ➤ الأدوار داخل مناطق مجالات عمل بنية المؤسسة.
- ➤ المهارات التي تتطلبها تلك الأدوار.
- ➤ عمق المعرفة المطلوبة لإنجاز كل دور بنجاح.

يتم تشكيل فريق عمل بنية المؤسسة النموذجي يتشتمل على الأدوار التالية:

- ➤ أعضاء مجلس بنية المؤسسة.
- ➤ الراعي الرسمى لبنية المؤسسة.
- ➤ مدير الهندسة البنائية.
- ➤ مهندسين البنائيات الأربعة المحددة فى إطار المحتوى.
- ➤ مديرو البرامج و المشاريع
- ➤ مصمم تكنولوجيا المعلومات
- ➤ إلخ ..

فئات المهارات

فريق عمل إطار TOGAF يتطلب مجموعة المهارات الرئيسية التالية:

المهارات العامة: القيادة، العمل الجماعي، مهارات التعامل مع الآخرين، إلخ.

مهارات وأساليب العمل: حالات العمل، وعمليات الأعمال، والتخطيط الاستراتيجي، وما إلى ذلك.

مهارات البنية المؤسسية: النمذجة، تصميم وحدات البناء، التطبيقات وتصميم الأدوار، تكامل الأنظمة، إلخ.

مهارات إدارة البرامج أو المشاريع: إدارة تغيير الأعمال، وطرق وأدوات إدارة المشاريع، الخ.

مهارات المعرفة العامة لتكنولوجيا المعلومات: تطبيقات الوساطة، وإدارة الأصول، وتخطيط الترحيل، واتفاقيات مستوى الخدمة، وما إلى ذلك.

مهارات تقنية المعلومات: هندسة البرمجيات، والأمن، وتبادل البيانات، وإدارة البيانات، إلخ.

البيئة القانونية: قوانين حماية البيانات، وقانون العقود، وقانون المشتريات، وإدارة النزاعات والاحتيال إلخ.

ثانيا: أسلوب التطوير البنائي (ADM) Architecture Development Method

- يعتبر ADM هو جوهر إطار عمل نموذج TOGAF.
- يتكون من نهج دوري تدريجي لتطوير البنية الشاملة للمؤسسة.
- يوفر أسلوب عمل لمهندسي التصميم البنائي.
- يدمج جميع العناصر المصممة لتلبية احتياجات أعمال المؤسسة وتكنولوجيا المعلومات من خلال توفير:

➢ مجموعة من طرق عرض هندسة البنائيات (الأعمال والبيانات والتطبيقات و التكنولوجيا).

➢ مجموعة من النتائج و التوصيات و الإرشادات.

➢ أساليب إدارة المتطلبات.

➢ مبادئ توجيهية بشأن أدوات تطوير الهندسة البنائية.

إرشادات وتقنيات ADM

➢ مجموعة من المبادئ التوجيهية والتقنيات لدعم تطبيق ADM

➢ تساعد الإرشادات على تكييف ADM للتعامل مع سيناريوهات مختلفة، بما في ذلك أنماط العمليات المختلفة (مثل استخدام التكرار) وكذلك المتطلبات المحددة (مثل الأمان).

➢ تدعم التقنيات مهام محددة داخل ADM (مثل تحديد المبادئ، وسيناريوهات الأعمال، وتحليل الفجوات، وتخطيط التطوير، وإدارة المخاطر، وما إلى ذلك).

علاقات عناصر نموذج توجاف

➢ الدورة بين الجانب الأيمن قدرات الأعمال و الجانب الأيسر محركات و رؤية الأعمال تشكل إحتياجات الأعمال و الجوانب غير البنائية للعمليات و التعلم من العمليات التجارية يخلق رؤية وحاجة تجارية جديدة.

- محركات و رؤية الأعمال تبلغ إطار القدرة البنائية بحجم و هيكل و ثقافة القدرات الذى بدوره يحدد الأهداف و مؤشرات الأداء الرئيسية و الميزانيات و الخطط لأدوار البنية المؤسسية.
- قدرات الأعمال تقدم مدخل الحاجة إلى تطوير نضج إطار القدرة البنائية.
- التشغيل الفعال لإطار القدرة البنائية يضمن تحقيق رؤية محركات الأعمال.
- أسلوب التطوير البنائى يحدد الأسلوب المناسب لمدخلات إطار القدرة البنائية.
- أسلوب التطوير البنائى يتلقى مدخلات الرؤية و احتياجات العمل و المكلات التى يجب معالجتها و يقدم الأسلوب المناسب و حلول الأعمال الجديدة لقدرات الأعمال التجارية.
- يشتمل أسلوب التطوير البنائى على مكتبة إرشادات و تقنيات تعمل على فهم وتحسين إحتياجات العمل.
- إطار محتوى البنائية ينتج محتوى يتم تخزينه فى المستودع مصنفا وفقا لأساليب كونتينيوم المؤسسة و أدواتها.
- تعمل التغيرات التشغيلية و القدرات التجارية على تحديث مستودع كونتينيوم المؤسسة مما يوفر مدخلا لبيان الحالة الجارية لرؤية الأعمال.

مراحل تنفيذ البنية المؤسسية

طريقة TOGAF (ADM) لتنفيذ البنية المؤسسية

تتكون من ثماني مراحل رئيسية كما فى الشكل (69) الذى يصف إطار عمل بنية المؤسسة ومبادئ البنية وفيما يلي وصف موجز للمراحل.

المرحلة التحضيرية

تتضمن هذه المرحلة أنشطة الإعداد والبدء لإنشاء قدرة بنائية.

- فهم بيئة الأعمال.
- التزام إداري عالي المستوى.
- الاتفاق على النطاق.
- إرساء المبادئ.
- إنشاء هيكل الإدارة.
- تخصيص إطار TOGAF و الإعدادات اللازمة.

A. Architecture vision مرحلة الرؤية البنائية

- تبدأ التكرار الأول لعملية الهندسة البنائية.
- تحدد النطاق والقيود والتوقعات.
- هى مرحلة مطلوبة في بداية كل دورة بنائية
- تخليق الرؤية البنائية و تنظيم المشروع.
- التحقق من صحة سياق الأعمال.
- إنشاء بيان العمل البنائى.

B. Business architecture phase مرحلة بنية الأعمال

- يتم رصد البنية الأساسية الحالية و البنية المستهدفة وإجراء تحليل الفجوات.
- رصد الهيكل التنظيمى الأساسي وغايات ووظائف العمل.
- تحديد السمات المتجسدة في العمليات والأفراد.
- تحديد المبادئ التي تحكم التصميم والتطوير.
- توضيح كيف تحقق المؤسسة أهداف أعمالها.
- الهيكل التنظيمي أهداف و خدمات الأعمال.
- العمليات و الأدوار التجارية العلاقة بين التنظيم والوظائف.

خطوات مرحلة بنية الأعمال

1. تحديد النماذج ووجهات النظر والأدوات المرجعية.
2. تحديد وصف البنية الأساسية.
3. تحديد وصف بنية الهدف.
4. إجراء تحليل الفجوات.
5. تحديد مكونات خارطة الطريق المرشحة.
6. إجراء تحليل التأثير.
7. إجراء مراجعة رسمية لأصحاب المصلحة.
8. وضع اللمسات الأخيرة على البنائية المؤسسية.
9. إنشاء وثيقة تعريف بنائية المؤسسة.

C. Information systems architecture مرحلة بنية تكنولوجيا المعلومات

- توثيق بنية نظم المعلومات للمشروع بما في ذلك تطوير بنيات البيانات والتطبيقات وأهم أنواع المعلومات والتطبيقات التي تقوم بمعالجتها.
- يتم تحديد أنواع ومصادر البيانات المطلوبة ويتم إنشاء نماذج بيانات و يتم إجراء تحليل الفجوات ومقارنة نماذج البيانات مع بنية الأعمال.
- يتم تحديد التطبيقات اللازمة لتلبية متطلبات العمل ويتم تحويل نماذج البيانات إلى بنية تطبيقات ويتم فحصها مرة أخرى باستخدام بنية الأعمال.

D. Technology architecture مرحلة بنية التكنولوجيا

- ➢ يتم تطوير البنية الأساسية وتصميم بنية التقنية المستهدفة و تحليل الفجوات.
- ➢ تحديد مواصفات التنظيم الأساسي لنظام تكنولوجيا المعلومات تتجسد في الأجهزة والبرمجيات وتكنولوجيا الاتصالات.
- ➢ تحديد علاقات المكونات ببعضها وبالبيئة والمبادئ التي تحكم التصميم والتطوير.

الشكل رقم(69) يبين مراحل تنفيذ البنية المؤسسية.

Enterprise Architecture, Danairat T.

E. Opportunities and solutions مرحلة الفرص والحلول

- ➢ يتم فى هذه المرحلة تقييم و اختيار الحلول وتحديد مشاريع التنفيذ الكبرى.
- ➢ تنفيذ تخطيط التنفيذ الأولي.
- ➢ تحديد ما إذا كان هناك حاجة إلى نهج تدريجي أوتحديد بنائيات الانتقال.
- ➢ اتخاذ قرار بشأن الأسلوب (الصنع أو الشراء أوإعادة الاستخدام).
- ➢ المفاضلة بين الاستعانة بمصادر خارجية أو البرمجيات الجاهزة (COTS) أو التطبيقات السحابية والتطبيقات مفتوحة المصدر.
- ➢ تقييم الأولويات وتحديد التبعيات.

مرحلة تخطيط التحول F. Migration planning

⮞ تحليل التكاليف و الفوائد و المخاطر بالنسبة لحزم العمل والمشاريع المحددة في المرحلة السابقة.

⮞ وضع اللمسات النهائية وتطوير خطة التنفيذ وخطة الإنتقال المستهدفة التفصيلية.

مرحلة التنفيذ والحوكمة G. Implementation and Governance

⮞ إدارة مرحلة التنفيذ والنشر لمشروع التطوير.

⮞ التأكد أن مشروع التنفيذ يتوافق مع التصميم البنائى .

⮞ توفير الإشراف البنائى على التنفيذ.

⮞ تحديد القيود البنائية على مشاريع التنفيذ

⮞ التحكم وإدارة عقد التصميمات البنائية.

⮞ إنتاج تقرير تحقيق قيمة الأعمال.

مرحلة إدارة التغيير البنائى H. Architecture change management

⮞ يتم توفير المراقبة المستمرة ويتم فيها إنشاء خط أساس جديد.

⮞ يتم رصد تغييرات بيئة الأعمال للتأكد أن البنية تلبى متطلبات المؤسسة.

⮞ إدارة تغييرات البنية بطريقة متماسكة مصممة لدعم البنية المؤسسية.

⮞ توفير مرونة التطور بسرعة استجابة لتغيرات التكنولوجيا و بيئة الأعمال.

⮞ مراقبة إدارة الأعمال والقدرات.

تهيئة أسلوب التطوير البنائى ADM

⮞ من المعتاد تعديل أو تهيئة ADM ليناسب الاحتياجات الخاصة المحددة.

⮞ يتم تهيئة المنهجية العامة المخصصة ADM للتوافق مع العوامل الجغرافية و القطاعات التجارية و الصناعية و أنواع الصناعات المختلفة.

⮞ يمكن إجراء التهيئة ليتوافق استخدامها مع مخرجات أطر العمل الأخرى مثل Zachman، DODAF، الخ.

ثالثا: إطار المحتوى البنائي Architecture Content Framework

⮞ يعد إطار محتوى البنائية جزءًا مهمًا من إطار عمل TOGAF الشامل.

⮞ يقدم نموذج تفصيلي لمنتجات العمل البنائى.

⮞ يساعد على تحسين اتساق مخرجات TOGAF فيعرض المخرجات بطريقة متسقة ومنظمة ويساعد على الرجوع إليها وتصنيفها.

فوائد إطار المحتوى البنائى

- ⮞ يوفر قائمة مرجعية شاملة لمخرجات البنائية.
- ⮞ يعزز التكامل الأفضل لمنتجات العمل التى تم اعتمادها فى المؤسسة.
- ⮞ يوفر معيارًا مفتوحًا مفصلاً لكيفية وصف البنائيات.

وصف الإطار

يحتوي الإطار على 3 فئات لوصف منتجات العمل:

التسليمات Deliverables

- ⮞ المنتجات و المخرجات الرسمية.
- ⮞ مخرجات محددة تعاقديا.
- ⮞ مخرجات مشروع.
- ⮞ يمكن أن تحتوي الإنجازات على العديد من الأدوات أو الأرتفاكت.

بلوكات البناء Building blocks.

المكونات التي يمكن دمجها مع وحدات البناء الأخرى لتقديم البنى والحلول.

أدوات الأرتفاكت Artifacts

- ⮞ منتجات دقيقة التخليق تصف البنائيات من وجهة نظر محددة على سبيل المثال: مواصفات حالة الاستخدام، والمتطلبات البنائية، ومخططات الشبكة، وما إلى ذلك.
- ⮞ تشكل الأرتفاكت محتوى مستودع البنائيات.
- ⮞ الأرتفاكت أو الأدوات مصنفة على النحو التالي:
  - الكتالوجات (قوائم الأشياء).
  - المصفوفات (إظهار العلاقات بين الأشياء)
  - الرسوم البيانية (صور الأشياء).

العلاقة بين التسليمات والبلوكات و الأرتفاكت

الشكل رقم (70) يبين مثالا للعلاقة بين التسليمات و البلوكات و الأرتفاكت و مستودع البنائيات و نلاحظ أن:

- ⮞ الأرتفاكت هي المنتجات التي يتم إنشاؤها عند تطوير الهندسة البنائية.
- ⮞ الأرتفاكت تختلف عن التسليمات التى تعتبر مخرجات متعاقد عليها.
- ⮞ عادة تحتوي التسليمات على العديد من الأرتفاكت وقد يتواجد أرتفاكت في العديد من التسليمات.
- ⮞ يتم تخزين البلوكات و الأرتفاكت فى مستودع البنائيات لإعادة إستخدامها عند الحاجة فى عمليات أو مشروعات أخرى.
- ⮞ البلوكات كتل بنائية تحتوى على أيقونات أو قوالب منتجات البرمجة مثل الكتالوجات و الرسومات البيانية و المواصفات و الجداول...الخ.

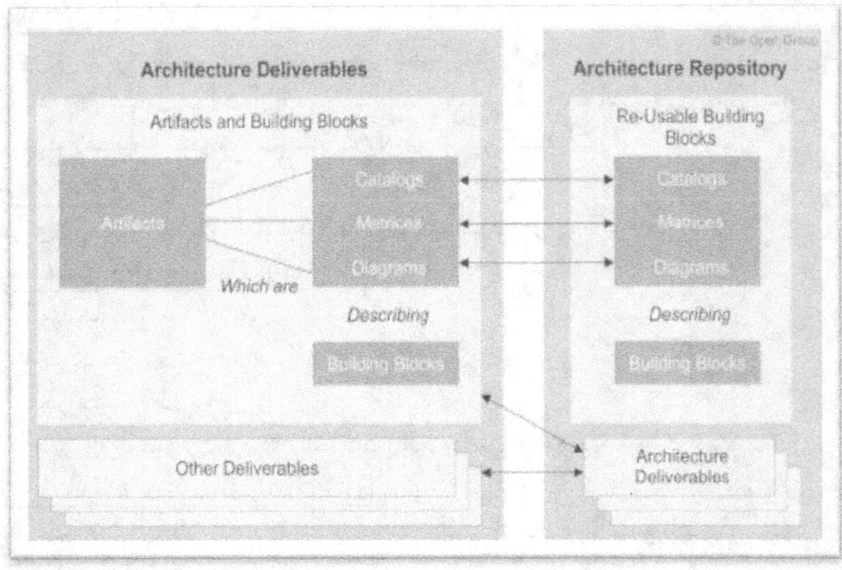

الشكل رقم (70) يبين العلاقة بين التسليمات والبلوكات و الأرتفاكت.
TOGAF® Standard Courseware V9.2 Edition

نموذج تعريف إطار المحتوى البنائى Content Metamodel

- يعتمد الإطار TOGAF على نموذج تعريف المحتوى القياسي الذي يحدد جميع أنواع لبنات البناء في بنية المؤسسة.
- يوفر نموذج التعريف إظهار وصف هذه البلوكات الأساسية وكيفية الإرتباط بين بعضهم البعض.
- يتكون نموذج المحتوى من جوهر أساسى وملحقات.
- يتم استخدام الكتالوجات والمصفوفات والرسوم البيانية لعرض المعلومات البنائية.

عناصر نموذج المحتوى البنائى

يبين الشكل رقم (71) مثالا لعناصر نموذج المحتوى التالية:

- مبادىء البنية و الرؤية و المتطلبات.
- بنية الأعمال و عناصرها.
- بنية نظم المعلومات
- بنية التكنولوجيا
- حوكمة التنفيذ.
- الفرص و الحلول و تخطيط الإنتقال.

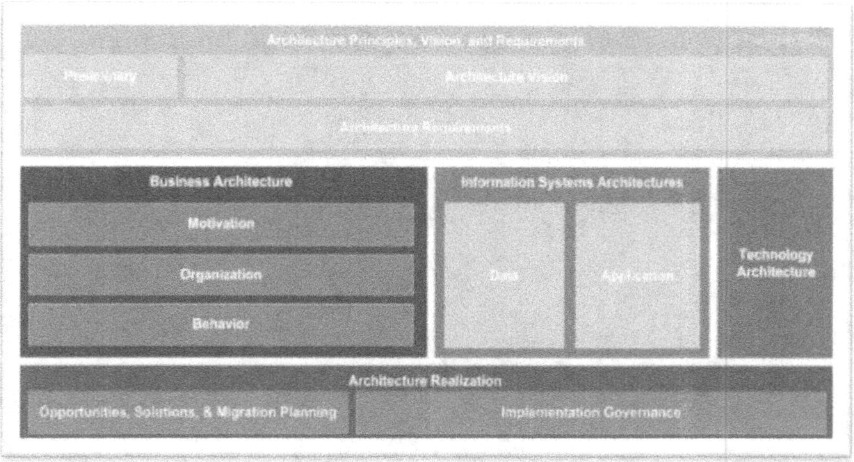

الشكل رقم (71) يبين مثالا لنموذج تعريف المحتوى.
TOGAF® Standard Courseware V9.2 Edition

رسم واجهة الإطار ADM TOGAF

مبادئ ورؤية ومتطلبات البنية

كيانات تســتوعب ســياق النماذج البنائية ومبادئ البنائية العامة وسـياق الاستراتيجية والمتطلبات.

بنية الأعمال

كيانات تعرض النماذج البنائية للعمليات التجارية وتحديداً العوامل التي تحفز المؤسسة وكيفية هيكلة المؤسسة وقدراتها الوظيفية.

بنية نظم المعلومات

كيانات تعرض نماذج بنائية لأنظمة تكنولوجيا المعلومات خاصـة التطبيقات والبيانات على وجه التحديد.

بنية التكنولوجيا

كيانات تعرض أصـول التكنولوجيا المشـتراة والأصـول المسـتخدمة لتنفيذ وتحقيق حلول نظم المعلومات.

تحقبق البنية

كيانات تعرض تحقيق التحولات بين حالات البنائية وتسـتخدم لتوجيه وتحكم عملية التنفيذ.

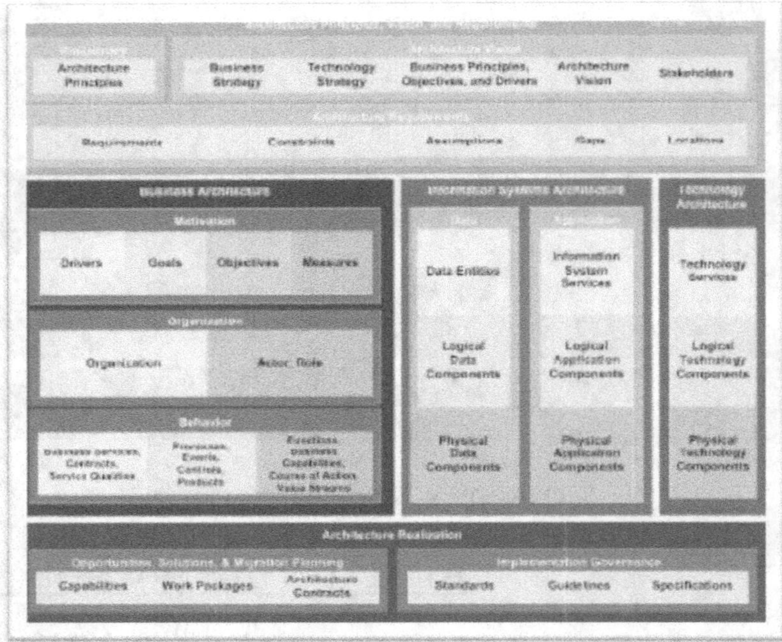

الشكل رقم (72) يبين واجهة إطار ADM TOGAF
TOGAF® Standard Courseware V9.2 Edition

علاقة إطار المحتوى البنائي وTOGAF ADM

- يتناول إطار ADM احتياجات العمل من خلال عملية الرؤية والتعريف والتخطيط والحوكمة.
- في كل مرحلة يأخذ ADM المعلومات كمدخلات ويقوم بإنشاء مخرجات.
- يوفر إطار المحتوى هيكلًا لـ ADM فيحدد المدخلات والمخرجات بالتفصيل ويضع كل مخرج في سياق البنية.
- إطار المحتوى مصاحب لـ ADM.
- يصف ADM ما يجب القيام به لإنشاء البنية ويصف إطار المحتوى الشكل الذي يجب أن يبدو عليه في النهاية.
- يقدم إطار المحتوى البنائي المخرجات بطريقة متسقة ومنظمة.
- يحتوي على 3 فئات من منتجات العمل: التسليمات و البلوكات و الأرتفاكت.
- يتكون نموذج تعريف المحتوى من النواة وبعض الامتدادات.
- يتم استخدام الكتالوجات والمصفوفات والرسوم البيانية لعرض المعلومات البنائية.
- هناك خريطة إلى مراحل TOGAF ADM من إطار المحتوى البنائي.

رابعا:كونتينيوم المؤسسة و أدواتها

الغرض من كونتينيوم المؤسسة هي كيفية تطوير البنى التحتية عبر سلسلة متواصلة ترتكز على البنى التأسيسية من خلال بنائيات الأنظمة المشتركة والبنائيات الخاصة بالصناعة إلى البنية الخاصة بالمؤسسة.

- ➤ بناء المستودع الافتراضي وأساليب تصنيف أيقونات البنائية والحلول.
- ➤ عناصر البنائية والحلول:
  - النماذج والأنماط والأوصاف البنائية.
  - التسليمات التي تم إنتاجها في تكرار إطار ADM
  - أصول الصناعة بشكل عام.
  - إظهار كيفية تطور الأرتفاكت.
- ➤ التنفيذ العملي لكونتينيوم المؤسسة Continuum يأخذ شكل مستودع البنائية.
- ➤ الاستمرارية المؤسسية هي مزيج من مفهومين متكاملين: الاستمرارية البنائية واستمرارية الحلول.
- ➤ يتيح الاستخدام الفعال لمنتجات البرمجيات الجاهزة COTS.
- ➤ تحسن الكفاءة الهندسية.
- ➤ تساعد في تنظيم البنية القابلة لإعادة الاستخدام وأصول الحلول.
- ➤ توفر لغة مشتركة:داخل المؤسسات وبين مؤسسات العملاء والبائعين.
- ➤ تضم نماذج مرجعية مختلفة:
  - النموذج المرجعي الفني.
  - قاعدة معلومات معايير المجموعة المفتوحة (SIB)
  - قاعدة معلومات لبنات البناء (BBIB)

إعادة استخدام البنائيات

- ➤ تتكون متسلسلة \كونتينيوم المؤسسة من جميع أصول البنية: النماذج والأنماط وأوصاف البنائية، وما إلى ذلك.
- ➤ الأصول الخارجية تشمل:
- ➤ النماذج المرجعية العامة(مثل TOGAF's TRM، Zachmann...)
- ➤ نماذج خاصة بتكنولوجيا المعلومات (مثل بنية خدمات الويب)
- ➤ النماذج الخاصة بمعالجة المعلومات مثل التجارة الإلكترونية والتوريد.
- ➤ النماذج الخاصة بالصناعة الرأسية (مثل TMF وARTS وPOSC...)
- ➤ تحدد وظيفة إدارة البنية أى الأصول تعتبرها المؤسسة جزءًا من استمرارية المؤسسة الخاصة بها.

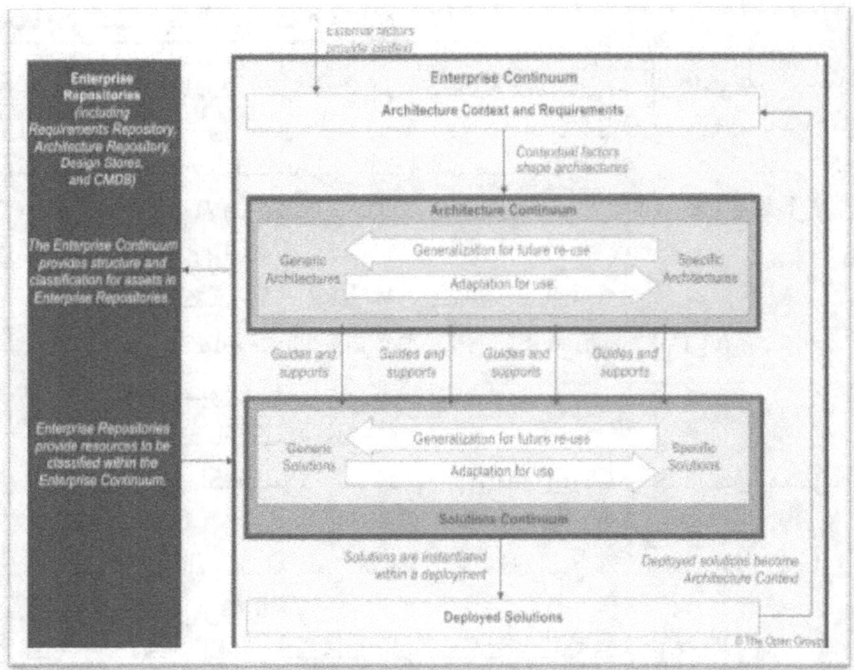

الشكل رقم (73) يبين مكونات كونتينيوم المؤسسة.
TOGAF® Standard Courseware V9.2 Edition

كونتينيوم المؤسسة

يصف إطار عمل TOGAF ADM استخدام الكونتينيوم Continuum فى عملية تطوير و إنشاء بنية المؤسسة من خلال إستخدام وتهيئة عناصر البنائية و عناصر الحلول كما فى الشكل رقم (73).

محتويات وعناصر الكونتينيوم Continuum

- ➢ يحتوي على حلول كاملة وأخرى قيد التنفيذ.
- ➢ عبارة عن "إطار عمل داخل إطار عمل".
- ➢ يحتوي على عدد من الأصول الداخلية في البداية وينمو مع تقدم التنفيذ بإضافة كتل بناء قابلة لإعادة الاستخدام.
- ➢ تنقسم العناصر إلى نوعين عناصر البنائية و عناصر الحلول.

كونتينيوم البنائية

تتنوع عناصر كونتينيوم البنائية كما فى الشكل رقم (75).

- ● البنائية الأساسية
- ● بنائية الأنظمة المشتركة
- ● بنائية صناعية
- ● البنائية الخاصة بالمؤسسة.

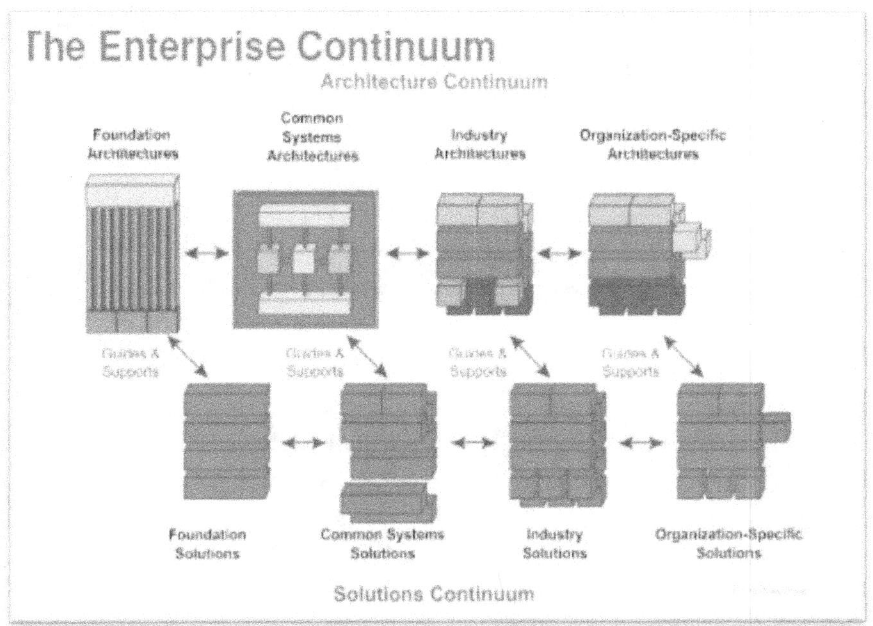

الشكل رقم (74) يبين محتويات كونتينيوم المؤسسة.
TOGAF® Standard Courseware V9.2 Edition

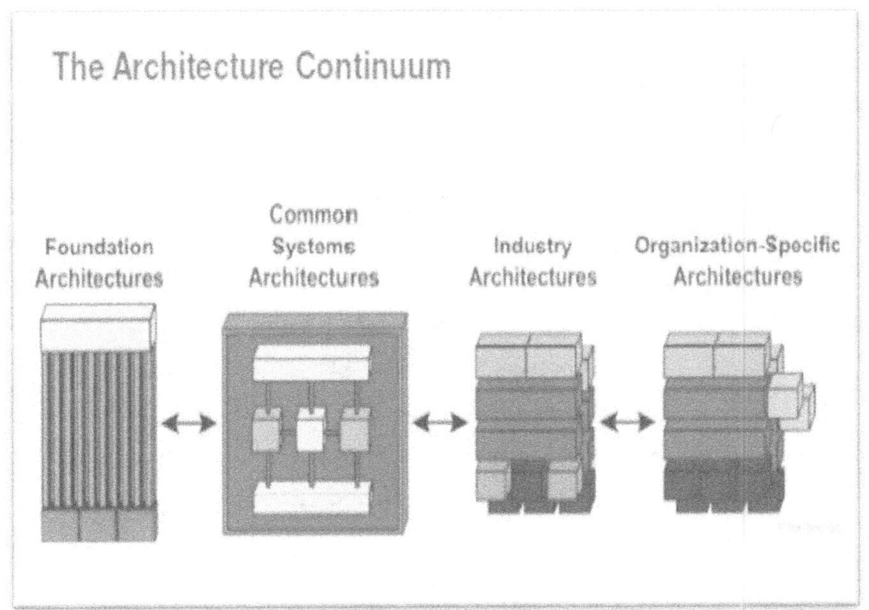

الشكل رقم (75) يبين أنواع بنائيات كونتينيوم البنائية.
TOGAF® Standard Courseware V9.2 Edition

كونتينيوم الحلول

تتنوع عناصر كونتينيوم الحلول كما فى الشكل رقم (76).

- الحلول الأساسية.
- حلول الأنظمة المشتركة.
- حلول صناعية.
- الحلول الخاصة بالمؤسسة.

تمثل الأسهم علاقة ثنائية الاتجاه بين البنائيات المختلفة.

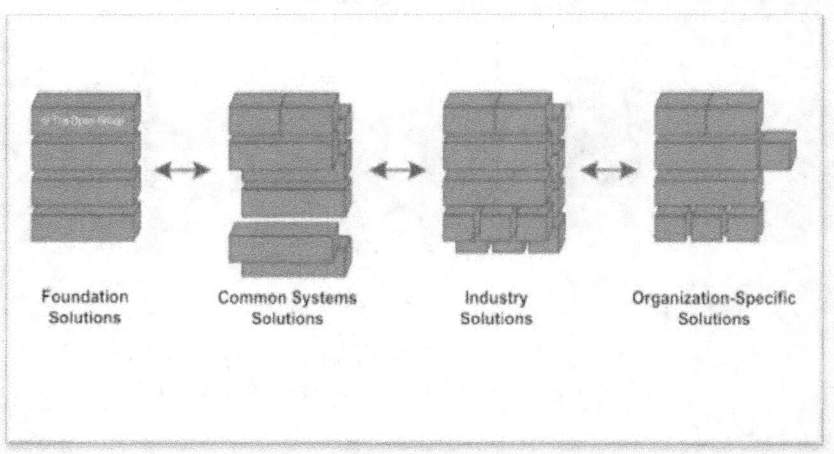

الشكل رقم (76) يبين عناصر كونتينيوم الحلول.
TOGAF® Standard Courseware V9.2 Edition

العلاقات بين عناصر كونتينيوم المؤسسة

- تضم مجموعة من كتل البنائيات مع كتل بناء الحلول سواء كانت منتجات تم شراؤها أو مكونات مبنية تستخدم لاحتياجات عمل المؤسسة.
- تشكل مخزون أو مكتبة إعادة استخدام مما يضيف قيمة كبيرة إلى مهمة إدارة وتنفيذ التحسينات على بيئة تكنولوجيا المعلومات.
- تساعد على فهم المنتجات والأنظمة والخدمات والحلول.
- كونتينيوم المؤسسة Enterprise Continuum هونموذج لبناء مستودع افتراضي وطرق لتصنيف عناصر البنائيات والحلول.
- يساعد في التواصل بين جميع المهندسين المتخصصين المشاركين في بناء وتوريد البنائيات من خلال توفير لغة ومصطلحات مشتركة.
- يتيح الكفاءة في الهندسة والاستخدام الفعال لمنتجات COTS البرمجيات سابقة التجهيز.
- يوفر سياقًا عامًا للبنائيات والحلول ويصنف الأصول التي تنطبق على نطاق المؤسسة بالكامل.

مستودع البنائية Architecture Repository

تتطلب الإدارة الفعالة الاستفادة من الناتج البنائى تصنيفًا رسميًا لأنواع مختلفة من الأصول البنائية.

يوفر TOGAF إطارًا هيكليًا لمستودع البنائية الذى يعتبر جزء من مستودع مؤسسي أوسع.

الوصف و الأهداف

مستودع البنائية هو مخزن معلومات منطقي لمخرجات تنفيذ ADM الآتية:

➢ نموذج تعريف المحتوى Content Metamodel يصف إطار البنائية المستخدم داخل المؤسسة.

➢ المنظر المجسم للبنائية Architecture Landscape يوضح حالة عمل المؤسسة في نقاط زمنية معينة.

➢ مكتبة المراجع Reference Library تحتوي على بنائيات و منتجات عمل قابلة لإعادة الاستخدام.

➢ قاعدة معلومات المعايير Standards Information Base تحدد متطلبات الامتثال للعمل الذي تحكمه البنية.

➢ سجل الحوكمة Governance Log يعرض نتائج نشاط الحوكمة مثل تقييمات الامتثال.

➢ القدرة البنائية Architecture Capability تصف التنظيم والأدوار والمهارات والمسؤوليات لممارسات بنائية المؤسسية.

➢ Architecture Requirements Repository مستودع متطلبات البنائية يوفر عرضًا لجميع متطلبات البنائية المعتمدة التي تم الاتفاق عليها مع الإدارة.

➢ منظر مجسم للحلول Solutions Landscape يقدم تمثيلًا بنائيا لـ SBBs التي تدعم المنظر المجسم للبنائية التي تم التخطيط لها أو نشرها.

تقسيم البنائية

الغرض من التقسيم

➢ يمكن تقسيم بنية المؤسسة الشاملة لتلبية الاحتياجات المحددة للمؤسسة.

➢ يتم التقسيم إلى مستويات رئيسية.

➢ يجب أن يتم تحديد الغرض من تقسيم البنية.

➢ يجب تحديد معايير تصنيف الحلول والبنائيات عند النظر في التقسيم.

➢ كيف يتم استخدام تقسيم البنية في المرحلة الأولية من ADM.

➢ يسمح تقسيم المؤسسة بإدارة التكاليف والتعقيدات من خلال التقسيم وتعيين الأدوار والمسؤوليات المناسبة لكل قسم.

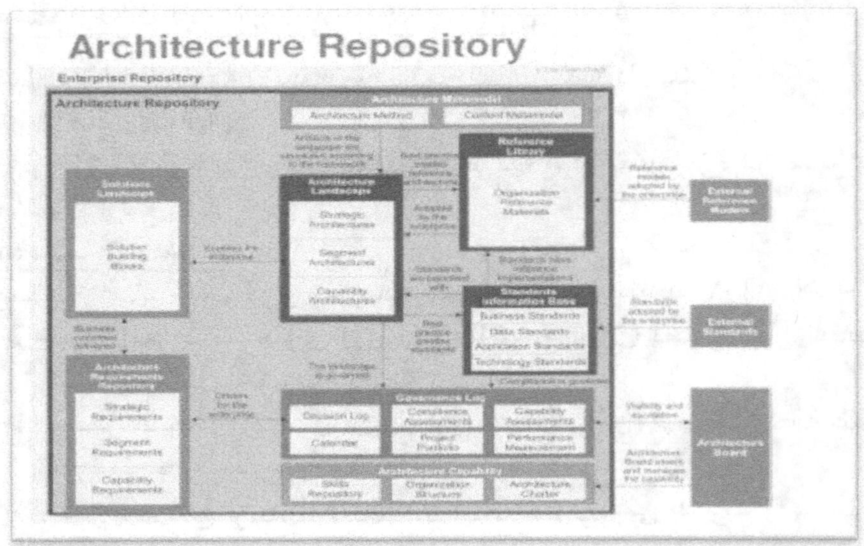

الشكل رقم (77) يبين عناصر مستودع البنائية.
TOGAF® Standard Courseware V9.2 Edition

<u>الحاجة إلى التقسيم</u>
- ➢ إدارة التعقيد.
- ➢ إدارة الصراعات.
- ➢ إدارة التطورات المتوازية.
- ➢ إدارة إعادة الاستخدام.

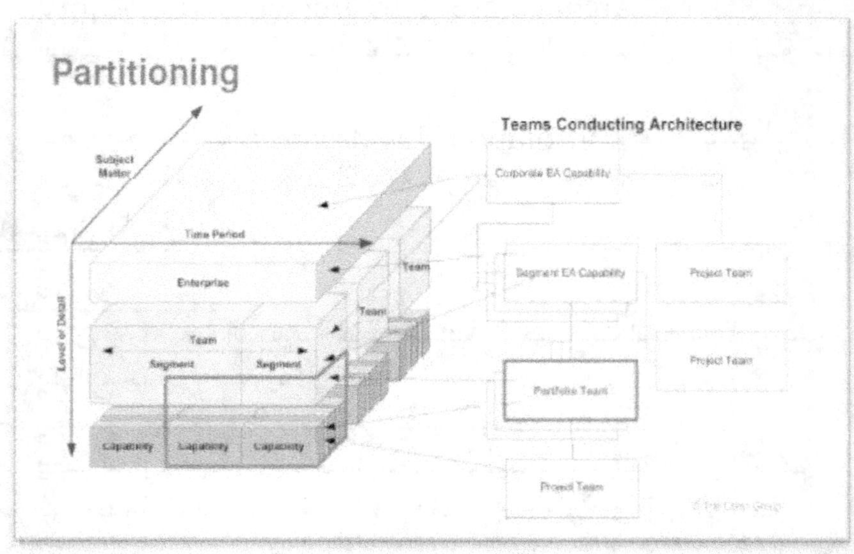

الشكل رقم (78) يبين المنظر المجسم البنائى.
TOGAF® Standard Courseware V9.2 Edition

بناء المنظر المجسم البنائى

يتم استخدام الخصائص التالية لبناء المنظر المجسم البنائى كما فى الشكل

➢ الاتساع (يتعلق بالموضوع البنائى)

➢ العمق أو المستوى.

➢ الوقت.

➢ الحداثة.

تطبيق التصنيف على البنائيات المقسمة: تقسيم الحلول

➢ الموضوع (العرض) محتواه وبنيته ووظيفته.

➢ الوقت و تحديد الحلول الموجودة فى فترة زمنية محددة.

➢ النضج/التقلب مدى احتمال تغير الموضوع وبيئة الحلول بمرور الوقت.

تطبيق التصنيف على البنائيات المقسمة: تقسيم البنائيات

➢ العمق (مستوى التفاصيل) يرتبط ارتباطًا وثيقًا بمجموعات أصحاب المصلحة.

➢ عادةً تكون البنائيات الأقل تفصيلاً محل اهتمام أصحاب المصلحة على المستوى التنفيذي.

➢ كلما زادت تفاصيل البنائيات تزداد أهميتها بالنسبة لموظفي التنفيذ والتشغيل.

تطبيق التقسيم على أسلوب التطوير البنائى ADM

➢ تدعم المرحلة التحضيرية تحديد أقسام البنائيات المناسبة وإنشاء علاقات حوكمة بين أقسام البنائيات المرتبطة.

➢ تحديد هيكل تنظيم البنائية داخل المؤسسة.

➢ تحديد فرق العمل وتحديد المسؤوليات لكل فريق.

➢ تحديد مجالات الموضوع و مستوى التفصيل والفترة الزمنية وأصحاب المصلحة.

➢ تحديد العلاقة بين البنائيات و كيف و أين تتداخل.

➢ تحديد متطلبات الامتثال بين البنائيات.

إعدادات و تهيئة ADM: التكرار والمستويات

أهداف الوحدة

كيفية إعدادات ADM باستخدام التكرار و بمشاركة مستويات البنية المختلفة.

التكرار وADM

أهداف هذه الوحدة هي:

كيفية تهيئة نموذج تصميم البنائية باستخدام التكرار ومستويات مختلفة من مشاركة عناصر البنائية.

صور التكرار

يدعم نموذج تصميم البنائية عددًا من المفاهيم التي يمكن وصفها بالتكرار:

- التكرار لوصف منظر مجسم بنائى شامل من خلال دورات نموذج تصميم البنائية المتعددة ADM استنادًا إلى العمليات الفردية المرتبطة بنطاق طلب عمل البنائية.

- التكرار لوصف العملية المتكاملة لتطوير البنائية حيث تتفاعل الأنشطة الموصوفة في مراحل نموذج تصميم البنائية المختلفة لإنتاج بنية متكاملة

- التكرار لوصف عملية إدارة التغيير في قدرة بنية المؤسسة.

التكرار لتطوير المنظر البنائى المجسم الشامل

- يتم تنفيذ المشاريع خلال دورة ADM بأكملها، بدءًا من المرحلة (A).

- كل دورة من دورات ADM تمثل طلب أعمال بنائية.

- نواتج كل دورة تشارك فى ملء المنظر البنائى إما بتوسيع المنظر أو تغييره

- قد تقوم المشاريع المنفصلة بتشغيل دورات ADM الخاصة بها بشكل متزامن مع وجود علاقات بينها.

- أى مشروع قد يؤدي إلى بدء مشروع آخر.

التكرار ضمن دورة ADM

- قد يتم فى بعض المشاريع تشغيل مراحل ADM المتعددة في وقت واحد.

- يستخدم التكرار عادة لإدارة العلاقة المتبادلة بين بنية الأعمال و بنية نظم المعلومات وبنية التكنولوجيا.

- قد تتنقل المشاريع بين المراحل لتتقارب في البنية المستهدفة.

- قد تعود المشاريع إلى المراحل السابقة من أجل تحديث نواتج العمل بمعلومات جديدة.

التكرار لإدارة القدرة البنائية

- قد تتطلب المشاريع تكرارًا جديدًا للمرحلة التحضيرية لإنشاء جوانب القدرة البنائية المحددة في المرحلة (A) لمعالجة طلب العمل البنائى.

- قد تتطلب المشاريع تكرارًا جديدًا للمرحلة التحضيرية لضبط القدرة البنائية للمؤسسة نتيجة المتطلبات الجديدة أو المتغيرة نتيجة طلب التغيير في المرحلة (H).

العوامل المؤثرة على استخدام التكرار

- شكليات وطبيعة نقاط التفتيش المنشأة داخل المؤسسة.

- مستوى مشاركة أصحاب المصلحة المتوقع في العملية.

- عدد الفرق المشاركة والعلاقات بين الفرق المختلفة.

- نضج مجال الحل وإعادة العمل المتوقعة للوصول إلى حل مقبول.

- الموقف من المخاطر.

مناهج التطوير البنائى

خط الأساس أولا

يتم استخدام تقييم لمشهد خط الأساس لتحديد مجالات المشاكل وفرص التحسين.
نهج مناسب عندما يكون خط الأساس معقدًا أو غير واضح أو مفهوم.

الهدف أولا

يتم تشكيل الحل المستهدف بالتفصيل ومن ثم إعادة تعيينه إلى خط الأساس.
نهج مناسب عندما يتم الاتفاق على الحالة المستهدفة على أعلى مستوى وعندما
ترغب المؤسسة في الانتقال إلي النموذج المستهدف بفعالية.

REFERENCES LIST
قائمة المراجع

1- Introducing ITIL Best Practices for IT Service Management-Service & Operations Management Work Group, Mary Lou Alter, 2015.

2- ITIL® V3 FOUNDATION CERTIFICATIONE-LEARNING COURSE.2019.

3- PV203 IT Services Management-Eva Hladká.2020

4- PV203 IT Services Management-Vladimir Vágner-2023.

5- ITIL V3 Foundation-The Art of Service Pty Ltd.

6- The Official Introduction to the ITIL Service Lifecycle TSO @ Blackwell and other Accredited Agents.2020.

7- IT Service Management based on ITIL v4.2-Ing. Aleš Studený.2019.

8- IT Service Management -Van Haren Publishing.

9- ITIL 4 Foundation Certification Learning Course-MORWAN ELGASIM.2020.

10- ITIL 4-Foundation Become Certified-Abhinav Krishna Kaiser.2020.

11- Introductory-Overview-of-ITIL4-2020.

12- ITI 4-Essentials EXAM-2020.

13- ITIL4 -Service IT+ Inc.2019.

14- ITIL 4-High Velocity IT-2020.

15- ITIL 4-Digital and IT Strategy -2020.

16- ITIL4-Create Deliver and Support-2020.

17- Introductory Overview of ITIL4-2020.

18- ITIL4-Practices-AXELOS.com, 2020.

19- Guide To Implementing The ISO 20000-V9 Copyright CertiKit.2019.

20- ISO 20000 MANAGE ENGINE.2023.

21- Advisera.com-ISO 20000 Documentation Toolkit.2020.

تعريف بالمؤلف

- الإسم: خالد عبدالفتاح يوسف.
- تاريخ الميلاد:12\10\1960.
- الإقامة: الإسكندرية-مصر.
- المؤهل العلمى: بكالوريوس هندسة-اتصالات.
- الجامعة: جامعة الإسكندرية.
- البريد الإلكترونى: khaledyssf3@gmail.com

الخبرات و الوظائف:

- عمل فى مجالات التحكم الألى و نظم المعلومات.
- شارك و ساهم فى تنفيذ و استلام و تشغيل و صيانة العديد من مشروعات نظم التحكم الألى و نظم المعلومات فى قطاع البترول بالإسكندرية.
- شغل العديد من الوظائف الإدارية منها مدير قطاع الآجهزة الرقمية و مدير عام نظم المعلومات.
- قدم العديد من المحاضرات و الدورات التدريبية فى مجالات العمل.
- له عدد من المؤلفات العلمية و الأدبية.